电网企业员工安全技能实训教材

信息通信

国网泰州供电公司　组编

中国电力出版社
CHINA ELECTRIC POWER PRESS

内 容 提 要

《电网企业员工安全技能实训教材》丛书是按照国家电网有限电力企业生产技能人员标准化培训课程体系的要求，结合安全生产实际编写而成。本丛书共包括《通用安全基础》《变电运维》《变电检修》《输电运检》《配电运检》《不停电作业》《电力调度与自动化》《信息通信》《营销计量》《农电》10 个分册。

本书为《电网企业员工安全技能实训教材 信息通信》，全书共 11 章，主要内容包括信息基本安全要求、信息系统运行检修安全要求、机房基础设施安全运行要求、终端安全要求、典型应急预案、典型违章案例分析、通信基本安全要求、电力通信检修安全管控标准化、电力通信系统运行管理要求、典型事故案例分析、典型施工工艺等。

本书可作为电网企业信息通信及相关专业作业人员和管理人员的安全技能指导书、培训教材及学习资料，也可作为高等院校、职业技术学校电力相关专业师生的自学用书与阅读参考书。

图书在版编目（CIP）数据

信息通信/国网泰州供电公司组编. —北京：中国电力出版社，2022.11
电网企业员工安全技能实训教材
ISBN 978-7-5198-7088-1

Ⅰ. ①信… Ⅱ. ①国… Ⅲ. ①电力通信系统－技术培训－教材 Ⅳ. ①TN915.853

中国版本图书馆 CIP 数据核字（2022）第 184695 号

出版发行：中国电力出版社
地　　址：北京市东城区北京站西街 19 号（邮政编码 100005）
网　　址：http://www.cepp.sgcc.com.cn
责任编辑：王　南（010-63412876）
责任校对：黄　蓓　朱丽芳
装帧设计：张俊霞
责任印制：石　雷

印　　刷：三河市万龙印装有限公司
版　　次：2022 年 11 月第一版
印　　次：2022 年 11 月北京第一次印刷
开　　本：710 毫米×1000 毫米　16 开本
印　　张：12
字　　数：172 千字
印　　数：0001—1500 册
定　　价：60.00 元

编写委员会

序

　　无危则安，无损则全，安全生产事关人民福祉，事关经济社会发展大局，是广大人民群众最朴素的愿望，也是企业生产正常进行的最基本条件。电网企业守护万家灯火，保障安全是企业履行政治责任、经济责任和社会责任的根本要求。安全生产，以人为本，"人"是安全生产最关键的因素，也是最大的变量。作业人员安全意识淡薄、安全技能不足等问题，是导致各类安全事故发生的一个重要原因。百年大计，教育为本，提升作业人员安全素养，是保障电网安全发展的长久之策，一套面向基层一线的安全技能实训教材显得尤为迫切和重要。

　　当前，国家和政府安全监管日趋严格，安全生产法制化对电网企业安全管理提出了更高的要求。近年来，新能源大规模应用为主体的新型电力系统加快建设，电网形态不断发生着深刻的变化，也给电网企业安全管理带来了新的课题。为更好地支撑和指导电网企业员工和利益相关方安全教育培训工作，促进作业人员快速全面掌握核心安全技能理论知识，国网泰州供电公司组织修编了这套《电网企业员工安全技能实训教材》系列丛书。应老友邀请，我仔细品读，深感丛书理论性、创造性与实用性并具，是不可多得的安全培训工具书。

　　本丛书系统性强，专业特色鲜明，共包括《通用安全基础》通用教材及《变电运维》《变电检修》《输电运检》《配电运检》《不停电作业》《电力调度与自动化》《信息通信》《营销计量》《农电》等9本专业教材。《通用安全基础》涵盖安全理论、公共安全、应急技能等内容，9本专业教材根据专业特点量身打造，囊括了安全组织措施和技术措施、两票的填写和使用、专业施工机具及安全工器具、现场安全标准化作业等内容。通用教材是专业教材的基础，专业教材是通用教材的延伸，两类教材互为补充，成为一个有机的整体，给电网企业员工提供了更系统的概念和更丰富的选择。

本丛书实用性强，内容生动翔实，国网泰州供电公司组建的编写团队，由注册安全工程师、安全管理专家、专业技术骨干、作业层精英等人员组成，具备本专业长期现场工作经历。他们从自身工作角度出发，紧密贴合现场管理实际，精准把握一线员工安全培训需求，全面总结了安全管理的概念和要点、标准和流程，提出了满足现场需要的安全管理方法和手段，针对高处作业、动火作业、有限空间作业等典型场景，专题强化安全注意事项，并选用大量的典型违章和事故案例进行分析说明，内容全面丰富、重点突出，使本套教材更易被一线员工接受，使安全培训取得应有的成效。

本丛书指导性强，理论结构严谨，编写团队对标先进、学习经验，经过广泛的调研和深入的讨论，针对电力行业特点，创新构建了包含安全理论、公共安全、通用安全、专业安全、应急技能的"五维安全能力"模型，提出了员工岗位安全培训需求矩阵，描绘了不同岗位员工系统性业务技能和安全培训需求。本丛书还参照院校学分制绘制了安全技能知识图谱，结构化设置知识点，为其在各类安全技能培训班中有效应用提供了指导。

本丛书在编写过程中坚持试点先行，《通用安全基础》和《配电运检》两本教材于 2020 年底先期成稿，试用于国网泰州供电公司 2021 年配电专业安全轮训班，累计培训 3000 余人次，取得了良好的成效，得到了参培人员的一致好评。在此基础上，编写组历时两年编制完成了其余 8 本专业教材。

本丛书的出版，是电网企业在自主安全教育培训方面的一次全新的探索和尝试，具有重要的意义。"知安全才能重安全，懂安全才能保安全"，相信本丛书必将对电网企业安全技能培训工作的开展和员工安全素养的提升做出长远的贡献，也可以作为高校教师及学生了解电力检修施工现场安全管理的参考资料。

与书本为友，享安全同行。

东南大学电气工程学院院长、教授 赵剑锋

2022 年 7 月

前　言

安全生产是企业的生命线，安全教育培训是电网企业安全发展的重要保障。随着电网技术快速发展、新业务新业态不断革新、作业管理方式持续转变，传统的电力安全培训教材系统性、针对性不强，内容亟须更新。为总结电网企业在安全生产方面取得的新成果，进一步提高电网企业生产技能人员的安全技术水平和安全素养，为电网企业安全生产提供坚强保障，国网泰州供电公司按照国家电网有限公司生产技能人员标准化培训课程体系的要求，结合安全生产实际，组织编写了《电网企业员工安全技能实训教材》丛书，包括《通用安全基础》《变电运维》《变电检修》《输电运检》《配电运检》《不停电作业》《电力调度与自动化》《信息通信》《营销计量》《农电》10 个分册。

本丛书以国家有关的法律、法规和电力部门的规程、规范为基础，着重阐述了电力安全生产的基本理论、基本知识和基本技能，从公共安全、通用安全、专业安全、应急技能等方面，全面、系统的构建电力安全技能培训体系。本丛书精准把握现场一线员工安全培训需求，结构化设置知识点，可作为电网企业生产作业人员和管理人员的安全技能培训教材。

本书为《电网企业员工安全技能实训教材　信息通信》分册，全书共 11 章：

第 1 章为信息基本安全要求，描述各类人员在信息作业过程中的安全责任，提出保证信息系统和数据安全的组织措施、技术措施及其他安全要求。

第 2 章为信息系统运行检修安全要求，系统介绍了网络分区布防结构、应用软件安全管理、上下线安全管理、安全漏洞、现场标准化作业五方面内容，重点对检修前准备、检修过程要求、检修注意事项进行详细介绍。

第3章为机房基础设施安全运行要求，主要对机房包括消防、电源、空调、动环系统等基础设施，从概述、巡视要求、运行维护三个方面进行分析。

第4章为终端安全要求，对内外网办公用台式机、笔记本和云终端等办公计算机及其外设信息安全管理的职责及管理要求做出具体规定并规范终端作业要求。

第5章为典型应急预案，包括网络设备应急方案、机房消防应急方案、电源应急方案、精密空调应急预案四个典型应急预案。

第6章为典型违章案例分析，列出信息专业常见的各类违章现象，选取内网违规外联、内网使用无线网络组网、私自架设互联网出口等13个案例具体分析。

第7章为通信基本安全要求，描述了通信人员安全责任，介绍了保证通信作业安全的组织措施和技术措施，以及作业现场通信设备、电源、线路、网管的基本要求。

第8章为电力通信检修安全管控标准化，介绍通信检修安全管控要求，详细描述了通信设备、通信光缆、通信电源三方面的标准化作业要求。

第9章为电力通信系统运行管理要求，介绍通信运行维护界面、制度管理和资料管理，详细介绍了日常巡视、专业巡视要求，以及消防、空调、通信联络应急处置流程。

第10章为典型事故案例分析，选取5个典型事故案例，从事故经过、原因分析、暴露问题、防范措施的角度进行分析总结。

第11章为典型施工工艺，介绍通信站、光缆施工工艺要求并列举了各应用场景的标签标识格式。

本丛书由国网泰州供电公司组织编写，卜荣、徐国栋担任主编，统筹负责整套丛书的策划组织、方案制定、编写指导和审核定稿。公司各专业部门和单位具体承担编写任务，本书的统筹策划由副主编贾俊、王淑恒、王锐负责，本书第 1 章由王兴龙、孙雷编写，第 2~5 章由孙雷、周晴晴编写，第 6 章由杨君中、孙健编写，第 7~10 章由王兴龙、王敏、蔡华溢编写，第 11 章由俞浩、胡殷编写，马越、毕建勋、全思平、何菲负责审核统稿。本书编写过程中，有关专家、学者通过线上、线下等方式提出了宝贵修改建议与意见，在此表示由衷感谢。

由于编写人员水平有限，书中难免存在不妥或疏漏之处，恳请广大读者批评指正。

编　者

2022 年 7 月

电网企业员工安全技能实训教材

目 录

第1章　信息基本安全要求

本章明确各类人员在信息作业过程中的安全责任，加强信息作业现场安全管理，规范作业流程和作业人员行为，提出保证信息系统和数据安全的组织措施、技术措施及其他安全要求。

1.1　安全责任清单

1.1.1　班组长安全责任清单

1.1.1.1　个人安全生产目标

（1）不发生影响调控操作、事故处理的二次设备异常事件。

（2）不发生影响二次系统正常运行的计算机安防系统失防事件。

（3）不发生人员责任性差错或违章行为。

（4）不发生人身轻伤事件。

（5）不发生七级及以上信息安全事件。

（6）不发生责任区域火灾事故。

（7）不发生影响中心安全生产记录的其他安全事件。

1.1.1.2　个人安全生产职责

（1）班组长是本班组的安全生产第一责任人，对所承接工程的建设和本班组成员在生产过程中的安全负管理责任。

（2）班组长要以身作则，带领本班组人员学习掌握安全生产的各项规章制度，督促规程规章的贯彻执行，及时制止违章违纪行为。

（3）主持召开好班前、班后会和每周一次的班组安全日活动，及时学习事故通报，并组织大家集体讨论，吸取教训，防止同类事故的发生。

（4）做好班组的岗位安全技术培训工作，开展经常性的安全思想教育，提高班组成员的安全意识和安全防护能力，并积极组织班组人员参加急救培训和消防知识培训。

（5）定期组织开展本班组的安全检查活动，落实上级和本单位下达的安全措施、反事故技术措施。

（6）经常检查本班组工作场所的工作环境、安全设施、安全工器具、施工机具的状况，对现场作业的组织进行监督，确保作业现场工作负责人、专责监护人到位，工作安全有序地进行。发现缺陷、隐患时应及时整改，班组不能整改的，应及时汇报。

（7）监督工作票、安全预控卡、作业指导书的填写和执行情况，检查确保现场安全措施符合要求，杜绝事故隐患。

（8）指定专人对班组安全工器具和劳保用品（包括急救箱）经常检查、补充或更换。监督本班组成员正确使用安全工器具、施工机具和劳动防护用品。

（9）支持班组安全员履行安全监督检查职责。对本班组发生的异常、障碍、未遂及事故，要及时上报，保护好事故现场，并组织分析，总结教训，落实防范措施。

1.1.2　一般从业人员安全责任清单

1.1.2.1　个人安全生产目标

（1）不发生影响调控操作、事故处理的二次设备异常事件。

（2）不发生影响二次系统正常运行的计算机安防系统失防事件。

（3）不发生人员责任性差错或违章行为。

（4）不发生人身轻伤事件。

（5）不发生七级及以上信息安全事件。

（6）不发生责任区域火灾事故。

（7）不发生影响中心安全生产记录的其他安全事件。

1.1.2.2 个人安全生产职责

（1）认真学习、自觉遵守有关安全生产的规定，严格执行相关安全工作规程及各种安全生产制度。提高自我安全意识，不违章作业。

（2）正确使用安全工器具，精心维护和保管所使用的工器具及劳动安全保护用品，并在使用前进行认真检查。按照规定定期对安全工器具进行检测或报废，不使用不合格的安全工器具。

（3）服从班组长和现场工作负责人的分配、指挥。工作中集中精力，认真负责、安全地完成任务。

（4）认真参加开工会、收工会。作业前检查工作现场，审核工作票、风险预控卡、作业指导书等各项安全措施是否正确完成，是否符合工作现场的要求。当发现存在缺陷、隐患时，应及时报告班组长，协调相关人员进行整改后方可进行工作。安全措施不完善时不得冒险工作。确保个人安全做到"三不伤害"（不伤害自己、不伤害他人、不被他人伤害）。工作结束时认真清理现场，不留安全隐患。

（5）工作中互相关心，发现不安全情况应相互提醒纠正，并向上级报告，爱护安全设施，不乱拆乱动。

（6）不操作自己不熟悉的或与作业无关的机械、设备及工器具。现场发生事故异常时应冷静处理。及时参加抢救或抢修，保护事故现场，并向上级报告，如实反映情况，积极提出改进意见和防范措施。对因违反安全生产管理制度和规定造成严重后果的，按有关规定对班组相关人员进行责任追究和处理。

（7）认真参加班组安全日活动，积极发言讨论，结合现场工作情况提出改进安全措施的建议，提升自我安全意识，养成良好的安全习惯。

（8）班组成员应明确上述安全责任，并在工作中严格履行，保证全体人员和设备设施的安全。

1.1.3 网络安全红线"五禁止"

随着泛在物联网体系建设的深入和网络安全技防体系的优化调整，电力企业网络安全面临新的挑战。为切实提升网络安全技防水平，电力企业明确网络安全红线，严禁跨越红线行为，做到如下"五禁止"。

（1）禁止在电力企业之外的第三方平台私自部署信息系统（包括测试系统），如网站、移动应用、小程序和二次开发的微信公众号等（国家电网有限电力企业明确每个网省电力电力企业一网站、一微信，由省电力企业组织统一开发和集中安全防护），禁止电力企业标志在外部违规使用，禁止电力企业信息系统源代码泄露在互联网（如 github、gitee 等第三方代码托管平台）上。

（2）禁止私设互联网出口（所有互联网业务应统一从省信通电力企业出口交互），禁止生产控制大区与管理信息大区违规连接、管理信息大区与互联网大区违规连接。

（3）禁止在互联网大区存储电力企业商密数据、长期存储电力企业重要数据，禁止未经数据资产管理部门批准而向第三方提供企业敏感数据。

（4）禁止未经认证授权的终端接入电力企业网络，禁止终端在互联网大区、管理信息大区和生产控制大区之间交叉使用。

（5）禁止未向网络安全职能管理部门备案或未通过安全测试的信息系统上线。

1.2 信息系统作业基本要求

1.2.1 作业人员的基本条件

（1）经医师鉴定，作业人员应无妨碍工作的病症。

（2）作业人员应具备必要的信息专业知识，掌握信息专业工作技能，且按工作性质，熟悉基本安全要求的相关部分，并经考试合格。

（3）作业人员对基本安全要求应每年考试一次。因故间断信息工作连续六个月以上者，应重新学习基本安全要求，并经考试合格后，方可恢复工作。

（4）参与电力企业信息工作的外来作业人员应熟悉基本安全要求，经考试合格，并经信息运维单位（部门）认可后，方可参加工作。

（5）新参加工作的人员、实习人员和临时参加工作的人员（管理人员、非全日制用工等）应经过信息安全知识教育后，方可参加指定的工作。

（6）作业人员应被告知其作业现场和工作岗位存在的安全风险、安全注意事项、事故防范及紧急处理措施。

1.2.2 作业现场的基本条件

（1）信息作业现场的生产条件和安全设施等应符合有关标准、规范的要求。

（2）现场使用的工器具、调试计算机（或其他专用设备）、外接存储设备、软件工具等应符合有关安全要求。

（3）机房内的照明、温度、湿度、防静电设施及消防系统应符合有关标准、规范的要求。

（4）机房及相关设施的接地电阻、过电压保护性能，应符合有关标准、规范的要求。

（5）机房及相关设施宜配备防盗、防小动物等安全设施。

1.2.3 信息系统的基本条件

（1）管理内网与外网之间的信息、大区与生产控制大区之间信息时，边界应采用国家电网电力企业认可的隔离装置进行安全隔离。

（2）信息系统应满足相应的信息安全等级保护要求。

（3）业务系统上线前，应在具有资质的测试机构进行安全测试，并取得检测合格报告。

1.3 保证安全的组织措施

1.3.1 保证信息系统安全的组织措施

（1）工作票制度。

（2）工作许可制度。

（3）工作终结制度。

1.3.2 工作票制度

（1）在信息系统上的工作方式。

1）填用信息工作票（见附录 A）。

2）填用信息工作任务单（见附录 B）。

3）使用其他书面记录或按口头、电话命令执行。

（2）填用信息工作票的工作。

1）业务系统的上下线工作。

2）一、二类业务系统的版本升级、漏洞修复、数据操作等检修工作。

3）承载一、二类业务系统的主机设备、数据库、中间件、存储设备、网络设备及相应安全设备的投运、检修工作。

4）地市供电电力企业级以上单位信息网络的核心层网络设备、上联网络设备和安全设备的投运、检修工作。

5）地市供电电力企业级以上单位信息机房不间断电源的检修工作。

（3）填用信息工作任务单或信息工作票的工作。

1） 三类业务系统的版本升级、漏洞修复、数据操作等检修工作。

2）地市级以上单位信息网络的汇聚层网络设备的投运、检修工作。

3）县级单位核心层网络设备、上联网络设备和安全设备的投运、检修工作。

4）县级信息机房不间断电源的检修工作。

5）除应填用信息工作票规定之外的主机设备、数据库、中间件、存储设备、非接入层网络设备及安全设备的投运、检修工作。

（4）其他不需填用信息工作票、信息工作任务单的工作，应使用其他书面记录或按口头、电话命令执行。

1）书面记录指工单、工作记录、巡视记录等。

2）按口头、电话命令执行的工作应留有录音或书面派工记录。

（5）工作票的填写与签发。

1）工作票由工作负责人填写，也可由工作票签发人填写。

2）工作票应使用统一的票面格式，采用计算机生成、打印或手工方式填写，至少一式两份。采用手工填写时，应使用黑色或蓝色的钢（水）笔或圆珠笔填写与签发。工作票编号应连续。

3）工作票由工作票签发人审核、签名后方可执行。

4）信息工作票一份由工作负责人收执，另一份由工作许可人收执。信息工作任务单一份由工作负责人收执，另一份由工作票签发人收执。

5）一张信息工作票中，工作许可人与工作负责人不得互相兼任。一张信息工作任务单中，工作票签发人与工作负责人不得互相兼任。

6）工作票由信息运维单位（部门）签发，也可由经信息运维单位（部门）审核批准的检修单位签发。

（6）工作票的使用。

1）一个工作负责人不能同时执行多张信息工作票（工作任务单）。

2）需要变更工作班成员时，应经工作负责人同意并记录在工作票备注栏中。新的作业人员经过安全交底、签名确认后方可参与工作。工作负责人一般不得变更，如确需变更的，应由原工作票签发人同意并通知工作许可人，工作负责人变更情况应记录在工作票备注栏中。原工作负责人、现工作负责人应对工作任务和安全措施进行交接。

3）在原工作票的安全措施范围内增加工作任务时，应由工作负责人征得工作票签发人和工作许可人同意，并在工作票上填写增加工作项目。若需变更或增设安全措施者，应办理新的工作票。

4）工作票有污损不能继续使用时，应办理新的工作票。

5）信息系统故障紧急抢修时，工作票可不经工作票签发人书面签发，但应经工作票签发人同意，并在工作票备注栏中注明。

6）已执行的信息工作票、信息工作任务单至少应保存一年。

（7）工作票的有效期与延期。

1）工作票的有效期，以批准的时间为限。

2）办理信息工作票延期手续，应在信息工作票的有效期内，由工作负责人向工作许可人提出申请，得到同意后给予办理。办理信息工作任务单延期手续，应在信息工作任务单的有效期内，由工作负责人向工作票签发人提出申请，得到同意后给予办理。

（8）工作票所列人员的基本条件。

1）工作票签发人应由熟悉作业人员技术水平、熟悉相关信息系统情况、熟悉基本安全要求，并具有相关工作经验的领导人、技术人员或经信息运维单位批准的人员担任，名单应公布。检修单位的工作票签发人名单应事先送相关信息运维单位备案。

2）工作负责人应由有本专业工作经验、熟悉工作范围内信息系统情况、熟悉基本安全要求、熟悉工作班成员工作能力，并经信息运维部门批准的人员担任，名单应公布。检修单位的工作负责人名单应事先送相关信息运维部门备案。

3）工作许可人应由有一定工作经验、熟悉工作范围内信息系统况、熟悉基本安全要求，并经信息运维部门批准的人员担任，名单应公布。

（9）工作票所列人员的安全责任。

1）工作票签发人。

a．确认工作必要性和安全性。

b．确认工作票上所填安全措施是否正确完备。

c．确认所派工作负责人和工作班人员是否适当、充足。

2）工作负责人。

a．正确组织工作。

b．检查工作票所列安全措施是否正确完备，是否符合现场实际条件，必要时予以补充完善。

c．工作前，对工作班成员进行工作任务、安全措施和风险点告知，并确认每个工作班成员都已清楚并签名。

d．组织执行工作票所列由其负责的安全措施。

e．监督工作班成员遵守基本安全要求，正确使用工器具、调试计算机（或其他专用设备）、外接存储设备以及软件工具等。

f．关注工作班成员身体状况和精神状态是否正常，人员变动是否合适。

g．确定需监护的作业内容，并监护工作班成员认真执行。

3）工作许可人。

a．确认工作具备条件，工作不具备条件时应退回工作票。

b．确认工作票所列的安全措施已实施。

4）工作班成员。

a．熟悉工作内容、工作流程，清楚工作中的风险点和安全措施，并在工作票上签名确认。

b．服从工作负责人的指挥，严格遵守基本安全要求和劳动纪律，在确定的作业范围内工作，对自己在工作中的行为负责，互相关心工作安全。

c．正确使用工器具、调试计算机（或其他专用设备）、外接存储设备以及软件工具等。

1.3.3　工作许可制度

（1）工作许可人应在确认工作票所列的安全措施完成后，方可发出许可工作的命令。

（2）工作许可人在向工作负责人发出许可工作的命令前，应记录工作班名称、工作负责人姓名、工作地点和工作任务。

（3）检修工作需其他调度机构配合布置安全措施时，应由工作许可人向相应调度机构履行申请手续，并确认相关安全措施已完成后，方可办理工作许可手续。

（4）许可开始工作的命令应通知到工作负责人。其方法可采用：

1）当面许可。工作许可人和工作负责人应在信息工作票上记录许可时间，并分别签名。

2）电话许可。工作许可人和工作负责人应分别记录许可时间和双方姓名，并复诵核对无误。

（5）使用信息工作任务单的工作，可不办理工作许可手续。

（6）填用信息工作票的工作，工作负责人应得到工作许可人的许可，并确认工作票所列的安全措施全部完成后，方可开始工作。

（7）禁止约时开始或终结工作。

1.3.4　工作终结制度

（1）全部工作完毕后，工作班应删除工作过程中产生的临时数据、临时账号等内容，确认信息系统运行正常，清扫、整理现场，全体工作班人员撤离工作地点。

（2）使用信息工作票的工作，工作负责人应向工作许可人交代工作内容、发现的问题、验证结果和存在问题等，并会同工作许可人进行运行方式检查、状态确认和功能检查，确认无遗留物件后方可办理工作终结手续。

（3）工作终结报告应按以下方式进行。

1）当面报告。工作许可人和工作负责人应在信息工作票上记录终结时间，并分别签名。

2）电话报告。工作许可人和工作负责人应分别在信息工作票上记录终结时间和双方姓名，并复诵无误。

1.4　保证安全的技术措施

在信息系统上工作，主要有三种保证安全的技术措施：授权、备份、验证。

1.4.1　授权

（1）工作前，作业人员应进行身份鉴别和授权。

（2）授权应基于权限最小化和权限分离的原则。

1.4.2　备份

（1）信息系统检修工作开始前，应备份可能受到影响的配置文件、业务数据、运行参数和日志文件等。

（2）网络设备或安全设备检修前，应备份配置文件。

（3）主机设备或存储设备检修前，应根据需要备份运行参数。

（4）数据库检修前，应备份可能受影响的业务数据、配置文件、日志文件等。

（5）中间件检修前，应备份配置文件。

1.4.3 验证

（1）检修前，应检查检修对象及受影响对象的运行状态，并核对运行方式与检修方案是否一致。

（2）检修前，在冗余系统（双/多机、双/多节点、双/多通道或双/多电源）中将检修设备切换成检修状态时，应确认其余主机、节点、通道或电源正常运行。

（3）检修工作如需关闭网络设备、安全设备，应确认所承载的业务可停用或已转移。

（4）检修工作如需关闭主机设备、存储设备，应确认所承载的数据库、中间件、业务系统可停运或已转移。

（5）检修工作如需停运数据库、中间件，应确认所承载的业务可停用或已转移。

（6）升级操作系统、数据库或中间件版本前，应确认其兼容性及对业务系统的影响。

1.5 一般安全要求

1.5.1 注意事项

（1）设备、业务系统接入电力企业网络应经信息运维单位（部门）批准，并严格遵守电力企业网络准入要求。

（2）提供网络服务或扩大网络边界应经信息运维单位（部门）批准。

（3）禁止从任何公共网络直接接入管理信息内网。系统维护工作不得通过互联网等公共网络实施。

（4）管理信息大区业务系统使用无线网络传输业务信息时，应具备接入认证、加密等安全机制。接入信息内网时，应使用电力企业认可的接入认证、隔离、加密等安全措施。

（5）信息系统上线前，应删除临时账号、临时数据，并修改系统账号默认口令。

（6）信息系统远程检修应使用运维专机，并使用加密或专用的传输。检修宜通过具备运维审计功能的设备开展。

（7）业务数据的导入导出应经过业务主管部门（业务归口管理部门）批准，导出后的数据应妥善保管。

（8）禁止泄露、篡改、恶意损毁用户信息。

（9）影响其他设备正常运行的故障设备应及时脱网（隔离）。

（10）信息设备变更用途或下线，应擦除或销毁其中数据。

（11）信息系统的过期账号及其权限应及时注销或调整。

（12）检修工作完成后应收回临时授权。

1.6　信息系统运行

1.6.1　注意事项

（1）信息系统巡视。

1）巡视时不得改变信息系统或机房动力环境设备的运行状态。

2）巡视时发现异常问题，应及时报告信息运维单位（部门）非紧急情况的处理，应获得信息运维单位（部门）批准。

3）巡视时不得更改、清除信息系统和机房动力环境告警信息。

（2）安全设备特征库应定期更新。

（3）信息系统的配置、业务数据等应定期备份，备份的数据宜定期进行验证。

（4）信息系统的账号、权限应按需分配。

1.7　在网络与安全设备上工作

1.7.1　注意事项

（1）更换网络设备或安全设备的热插拔部件、内部板卡等配件时，应做好防静电措施。

（2）网络设备或安全设备检修工作结束前，应验证设备及所承载的业务运行正常，配置策略符合要求。

1.8　在主机设备与存储设备上工作

1.8.1　注意事项

（1）更换主机设备或存储设备的热插拔部件时，应做好防静电措施。

需停电更换主机设备或存储设备的内部板卡等配件的工作，应断开外部电源连接线，并做好防静电措施。

（2）主机设备或存储设备检修工作结束前，应验证所承载的业务运行正常。

1.9　在机房辅助设施上工作

1.9.1　在不间断电源上工作

1.9.1.1　一般规定

（1）新增负载前，应核查电源负载能力。

（2）拆接负载电缆前，应断开负载端电源开关。

（3）裸露电缆线头应做绝缘处理。

（4）不间断电源设备上工作。

（5）不间断电源设备断电检修前，应先确认负荷已经转移或关闭。

（6）配置旁路检修开关的不间断电源设备检修时，应严格执行停机及断电顺序。

1.9.1.2　蓄电池上工作

（1）直流开关或熔断器未断开前，不得断开蓄电池之间的连接。

（2）拆除蓄电池连接铜排或线缆应使用经绝缘处理的工器具。

（3）蓄电池组接入电源前，应确认蓄电池组正负极性与整流器直流输出正负极性对应，蓄电池组电压与整流器输出电压匹配。

1.9.2　在精密空调上工作

1.9.2.1　制冷系统上工作

（1）压缩机的维护：检查压缩机润滑、吸排气压力，压缩机电机性能是否完好。氟利昂在系统内流动情况，过滤器是否畅通等。

（2）检查制冷系统管路压力是否达到设定值，否则应找出原因进行维修。

（3）检查室外机的运行情况，如室外机灰尘堵塞应清洗，并指导甲方操作维护人员做好日常清洗保养工作。

1.9.2.2　电气系统上工作

（1）对电气柜进行全面检查，重点检查交流接触器电气特性是否完好。

（2）检查风机电机、加热器、加湿器静态阻值及绝缘性能。

（3）检查冷凝器电气箱内调速器及冷凝风机是否完好。

（4）校正高、低压保护器是否与设定值相符。

1.9.2.3　风道系统上工作

（1）检查风机皮带及皮带轮的运行情况，如有误差应调校。

（2）检查空气过滤网情况，如有通风不畅应更换。

1.9.2.4　控制系统上工作

（1）检查电脑系统工作是否稳定正常，如有异常进行维修。

（2）对空调机各职能部件进行独立系统调试，使之达到要求。其他方面如有不正常应进行维护维修。

（3）检查蒸发器、冷凝器清洁度。

（4）核定面板显示功能和准确度。

（5）检查各告警功能。

（6）检查加湿系统中进水排水管路，如有结垢或不正常情况应予排除。

（7）提出提高空调制冷效率意见，并实施。

1.10　终端设备的使用

1.10.1　注意事项

（1）终端设备用户应妥善保管账号及密码，不得随意授予他人。

（2）禁止终端设备在管理信息内、外网之间交叉使用。

（3）办公计算机应安装防病毒、桌面管理等安全防护软件。

（4）卸载或禁用计算机防病毒、桌面管理等安全防护软件，以及拆卸、更换终端设备硬件应经信息运维单位（部门）批准。

（5）在管理信息内网终端设备上启用无线通信功能应经信息运维单位（部门）批准。

（6）现场采集终端设备的通信卡启用互联网通信功能应经相关运维单位（部门）批准。

（7）终端设备及外围设备交由外部单位维修处理应经信息运维单位（部门）批准。

（8）报废终端设备、员工离岗离职时留下的终端设备应交由相关部门处理。

第2章 信息系统运行检修安全要求

本章系统地介绍了网络分区布防结构、应用软件安全管理、上下线安全管理、安全漏洞、现场标准化作业五方面内容，其中现场标准化作业主要依照互联网专业通用运行规程，并对检修前准备、检修过程要求、检修注意事项进行详细介绍。

2.1 网络分区布防结构

（1）落实《中华人民共和国网络安全法》有关国家关键信息基础设施保护和等级保护要求，满足物联网建设需要，适应"互联网＋"等新兴业务快速发展，在坚持"安全分区、网络专用、横向隔离、纵向认证"原则基础上，电力企业将逐步形成"可信互联、精准防护、安全互动、智能防御"的核心防护能力。

（2）在遵照国家发展改革委 2014 年第 14 号令基础上，电力企业基于原有信息外网构建互联网大区，对各大区要求进行了优化和调整，形成生产控制大区、管理信息大区（原信息内网）和互联网大区，全域范围属于泛在电力物联网范畴。管理信息大区用于承载电力企业核心生产、经营、管理和涉商密业务系统。互联网大区用于承载原信息外网业务和互联网新兴业务。互联网大区可以部署数据库，可以构建数据中心，支撑信息业务发展。互联网大区可以存储处理电力企业部分普通数据，降低跨区数据传输压力。可以通过采取安全措施，在互联网大区短期存储电力企业重要数据和用户隐私数据。

2.2　应用软件安全管理

（1）软件系统管理应遵循国家电网电力企业信息系统建转运管理及运行管理相关要求。软件系统安装调试完成后，上线试运行前应做好相关系统设备台账录入工作。试运行至少应达到 90 天，经验收合格后，方可转入正式运行。

（2）内网统推系统或 App 需获得中国电科院出具的安全测试报告。内网自建系统及 App 需获得中国电科院、省电科院或省电力企业认可的第三方信息网络安全实验室出具的安全测试报告。内网 App 应统一接入内网移动接入区。

（3）外网系统及独立部署的 App 需获得中国电力科学研究院出具的安全测试报告。部署在"i 国网"的 App 需获得中国力科学研究院或省级电力科学研究院出具的安全测试报告。外网系统及 App 应统一部署在电力企业互联网大区。

（4）软件系统需经本单位信息系统运行职能管理部门审批通过方可上线。其中内网 App、部署在 i 国网的 App 需经省电力企业互联网部审批通过后方可上线，外网系统或独立部署的 App 需经国家电网有限电力企业互联网部审批通过方可上线。

（5）信息系统运行单位应做好本单位软件系统版本管理。

（6）软件系统账号权限管理应遵循电力企业软件系统账号权限管理相关规定，按照最小化原则管理。软件系统上线前，设计研发单位应回收所有开发过程中使用的临时账号及权限。软件系统在运期间应每 6 个月对用户权限进行审核、清理，删除废旧、无用账号，及时调整可能导致安全问题的权限分配策略。

（7）系统下线申请由业务主管部门提出，经信息化职能管理部门评估和审核后执行。

（8）信息系统运行单位应定期开展软件系统的使用情况检查，对于长期无人使用的软件系统，出具相关报告并提报至电力企业互联网部，经批准后由信息系统运行单位执行下线处理和数据备份。

（9）软件系统运行单位做好系统上下线相关文档、材料的归档备查工作。

2.3 上下线安全管理

2.3.1 上线规程细则

2.3.1.1 系统上线试运行申请

（1）架构模型的设计须符合业务应用典型设计与非功能性要求，满足"云平台"部署架构要求，具备系统上云条件。

（2）软件系统需经本单位信息系统运行职能管理部门审批通过方可上线。其中内网 App、部署在 i 国网的 App 需经省电力企业互联网部审批通过后方可上线，外网系统或独立部署的 App 需经国家电网有限公司互联网部审批通过方可上线。

（3）内网统推系统或 App 需获得中国电科院出具的安全测试报告。内网自建系统及 App 需获得中国电科院、省电科院或省电力企业认可的第三方信息网络安全实验室出具的安全测试报告。内网 App 应统一接入内网移动接入区。

（4）外网系统及独立部署的 App 需获得中国电科院出具的安全测试报告。部署在 i 国网的 App 需获得中国电科院或省电科院出具的安全测试报告。外网系统及 App 应统一部署在电力企业互联网大区。

（5）软件系统安装调试完成后，上线试运行前应做好相关系统设备台账录入工作。

（6）满足安全防护方案中涉及的安全与运行要求（最低标专项）。

（7）满足国家电网有限电力企业基础平台软件版本管控要求，满足浏览器兼容性要求（最低标准项）。

（8）满足监控接入要求。

（9）数据集成部分应优先选择阿里数据中台。

（10）专用移动终端类系统通过第五区安全接入平台部署实现。

2.3.1.2 系统试运行验收要求

（1）信息系统上线试运行期不少于 90 天（三个月），且系统持续稳定运行，未发生非计划停运、主要功能失效等事件发生。

（2）需完成建转运评价，从运行稳定性、系统容错性、系统恢复能力、用户活跃度、系统易用性、系统安全性等方面进行综合评估，给出评价分值建转运评价合格，且无单一否决指标。

（3）满足试运行期间发现的重大缺陷和问题全部消除，且持续稳定运行30 天。

（4）具备完备的系统两图两方案（系统架构图、系统逻辑图、应急预案和现场处置方案），系统备案材料齐全。

（5）信息系统运行单位应做好本单位软件系统版本管理。

（6）软件系统账号权限管理应遵循电力企业软件系统账号权限管理相关规定，按照最小化原则管理。软件系统上线前，设计研发单位应回收所有开发过程中使用的临时账号及权限。软件系统在运期间应每 6 个月对用户权限进行审核、清理，删除废旧、无用账号，及时调整可能导致安全问题的权限分配策略。

2.3.2　正式运行阶段

2.3.2.1　系统定级依据

信息系统等级宜划分如下：

（1）一类业务系统是指受政府严格监管的信息系统。纳入国家关键信息基础设施的信息系统。对电力企业生产经营活动有重大影响的信息系统。

（2）二类业务系统是指受到政府一般监管的信息系统。服务于电力企业特定用户、对电力企业生产经营活动有一定影响的信息系统。服务电力企业全体员工、直接影响电力企业业务运作的信息系统。

（3）三类业务系统是指除一、二类信息系统以外的其他正式运行的信息系统。

（4）其他业务系统是指已停运、待下线或其他情况的信息系统。

2.3.2.2　系统监控及处置要求

信息系统正式运行后，需纳入日常信息调度监控，并按照系统定级，确定系统各类监控事件的应急处置方式。

（1）信息系统集群部署的应用节点需接入 F5、Tivoli 以及 CMDB 监控，产生监控事件短信后系统负责人需按照信息系统缺陷分级处置要求完成相关告警处置。

（2）信息系统应用服务应接入自动化一键启停，便于应用故障应急处置。

（3）一类业务系统故障应急处置要求：工作时段立即响应、立即到岗。17时 30 分～22 时，应立即响应，轮班检修人员立即到岗，系统负责人和其余人员 1h 内到岗。其余时段立即响应，1h 内到岗。

（4）二类业务系统故障应用处置要求：工作时段立即响应、立即到岗。17时 30 分～22 时，应立即响应，轮班检修人员立即到岗，系统负责人远程协调。其余时段立即响应，第二天 7 时 30 分之前到岗。

（5）三类业务系统故障应用处置要求：工作时段及时响应、电话协调。其余时段至第二天 8 时 30 分之前响应、电话协调。

（6）其他业务系统故障应用处置要求：工作时段处理，电话协调。

2.3.2.3 系统检修及维护要求

信息系统检修是指根据运行工作需要，对信息系统进行部署、检查、维护、故障处理、消缺、变更、调试、测试、版本升级等工作。

信息系统正式运行后，需参照信息系统检修管理办法，履行检修计划手续后，正常申报计划检修，检修及维护具体要求如下：

（1）检修工作原则上由检修执行单位发起，不允许三线厂商发起，对涉及业务停运的检修，要提前征得相关业务部门同意，在检修申请单上签字盖章后，方可制订检修计划。

（2）检修操作及日常维护需开具工作票，严格执行安规要求，完成签发、许可及线下交底后，方可进行操作。

（3）检修操作开始前需向信息调度申报检修开工，完成后，需完成检修验证工作，验证不通过需按照回退方案及时回退，验证通过无误后向信息调度申报竣工。

（4）非检修类操作需要开具工作票和操作票，操作内容包括但不限于用户权限开通、网络及防火墙权限开通、资源规划调整、系统配置调整和一般故障处置等。

2.3.2.4　系统巡视要求

（1）信息系统巡检主要分为定期巡检、特殊巡检。巡检的方式主要分为人工巡检和自动化巡检。信息系统上线正式运行后，需将系统接入巡检工具，纳入日常巡检范围。重大节日、特殊时期等保障阶段，需开展重要系统的特殊巡检，利用自动化巡检工具实时监控系统运行状态。

（2）信息系统巡检需覆盖系统页面登录/访问巡检、系统中间软件/数据库巡检、基础平台巡检，并形成巡检记录/报告。

1）页面登录/访问巡检：B/S 架构的信息系统需接入 CMDB 页面巡检功能，完成 URL、巡检账号等配置，开启日常页面巡视，形成巡检记录，同时系统负责人需及时关注和处理巡检失败短信。

2）系统中间软件/数据库巡检：信息系统中间软件 WebLogic、Tomcat 以及数据库 Oracle、MySQL 等需接入 CMDB 中间软件及数据库监控，配置监控告警策略，系统负责人需及时处理告警信息。

3）基础平台巡检：信息系统运行的操作系统、虚拟化平台、容器集群等需接入 CMDB 基础平台监控，配置监控告警策略，基础平台运行负责人需及时处理告警信息，并告知系统负责人。

2.3.2.5　运行分析要求

系统负责人对系统上线试运行期间的问题、缺陷及隐患进行收集、分析，组织开展系统优化与隐患消缺工作，运行分析具体要求如下：

（1）信息系统运行人员需常态开展运行分析工作，采集业务应用、资源负载、应用性能等数据，每月开展运行数据分析。

（2）针对一、二类业务系统，每年开展信息系统等级保护测评工作，由第三方厂商形成测评报告，为资源伸缩、架构调整、性能优化提供数据支撑。为系统资源使用、运维成本核算、功能建设提升提供数据支撑。

（3）信息系统运行单位应定期开展软件系统的使用情况检查，对于长期无人使用的软件系统，出具相关报告并提报至电力企业互联网部，经批准后由信息系统运行单位执行下线处理和数据备份。

2.3.3 下线退役阶段

系统下线是指系统退出正常运行，不再提供任何应用服务的阶段。下线阶段的运行要求如下。

（1）系统下线申请由业务主管部门提出，经信息化职能管理部门评估和审核后执行。系统负责人需完成系统下线方案、系统下线风险评估编制，提交业务部门和互联网部评审。

（2）下线相关方案评审通过后，系统负责人需组织完成下线申请单、下线报告的编制。

（3）待下线申请单流转完成后，系统负责人需安排业务系统下线检修，完成系统停运。

（4）系统下线后，所有业务数据应根据业务主管部门已签审的意见进行妥善保存一年或销毁。

（5）系统下线后，系统负责人需完成软硬件运行环境的清理和资源回收。

（6）软件系统运行单位做好系统上下线相关文档、材料的归档备查工作。

2.4 安全漏洞

在网络这个不断更新的世界里，安全漏洞可能在任何地方出现。即使旧的安全漏洞补上了，新的安全漏洞还可能不断涌现。网络安全漏洞除了系统自身存在的漏洞外还有人为造成的漏洞。

2.4.1 网络安全漏洞防范

2.4.1.1 身份验证

可以说身份验证是避免黑客随意进入的一种方式，要想真正实现用户网的身份验证主要需要执行以下几个步骤。首先，每个区域都应该使用具有自动识别用户身份的系统，在用户第一次进入到互联网中查阅与传输信息的时候进行系统的、全面的检查。经过识别后认证为安全用户的就可以在互联网中随意浏览信息。这种方式一般适用于学校、机关以及企业等区域，采用这种身份验证的方式不但可以提升互联网用户的安全性，更重要的是还可以提升工作效率。

2.4.1.2　包过滤技术

包过滤技术是数据防火墙技术的核心部分，同时也是保障当前互联网安全的主要技术。包过滤技术在一般情况下都是以用户在规定范围内使用网络为基础的，然后对数据包进行选择性过滤。它的主要实施原理是采用一定的控制技术对互联网中的信息传递进行实时的检测与管理。另外，包过滤技术的选择性控制是需要人为事先设定好是否允许通过的，因此需要管理员在核心技术设置的过程中严格规定哪些信息是过滤的，哪些信息是不允许被传输的。现阶段主要采用包过滤技术的最主要原因是它是以 IP 包信息为基础的，具体的实施步骤有：首先对 IP 包的源地址以及目的地址进行综合性的判断，然后根据其地址采取封装协议，在此基础上合理地选择端口号。这样的一系列步骤的执行可以有效地降低信息在传输的过程中被攻击的可能性，进而提升了网络系统的安全性。

2.4.1.3　状态监测技术

状态检测技术和包过滤技术有很多相似的地方，并且同样也是属于防火墙技术。和包过滤技术相比较来看，状态检测技术更加安全技术比较安全，但是其实施的过程也是比较繁琐的。状态检测技术的使用是在网络中新建的应用连接之后才开始实施的，首先对新建的应用连接后进行全方面扫描与审核，在审核的过程中包括自动识别、自动验证以及对是否符合安全规则都进行仔细认证。在全部认证为符合标准的情况下在通过状态检测技术对用户与互联网中之间的桥接连接到一起。另外还会在总服务器中存储用户连接互联网的信息，并对其状态进行实施检测，这样就会对于数据传输的安全性进行判定，进而达到提升网络安全性的目标。

2.4.1.4　入侵检测

所谓入侵检测技术，顾名思义就是在对黑客想要攻击计算机的行为进行识别并采取一定的措施来阻挡的技术。对于网络安全来说，入侵检测的目的是对访问用户和用户的行为进行检测与分析、系统配置和漏洞的审计检查、重要系统和数据文件的完整性评估、已知的攻击行为模式的识别、异常行为模式的统计分析、操作系统的审计跟踪管理及违反安全策略的用户行为的识别。

入侵检测技术的原理是对连接互联网状态的计算机进行分段节点，然后对传输中的每段节点中所产生的记录进行依次扫描与分析，假如在扫描的过程中发现了可疑的行为或者违反了安全策略的行为都会对其进行自动攻击，并组织病毒进入用户的计算机当中。而扫描的内容主要有四个方面：分别是目录以及其中的文件、系统和网络中的日志文件、物理形式的入侵信息以及程序执行中的不期望行为。

总之，在互联网中采用入侵检测技术可以对黑客的入侵行为进行快速的处理，并还可能在病毒要攻击用户计算机之前就对其进行处理，进而防止了用户信息不被丢失和篡改的可能性。

2.5 现场标准化作业

2.5.1 信息检修通用管理要求

2.5.1.1 检修计划安排原则

（1）运维中心应组织开展检修计划的编制工作。检修计划编制应综合考虑信息系统及设备运行状态、信息化建设项目和各业务部门的工作安排，原则上应避开业务高峰期，如有特殊需要，经省级电力企业科技信通部批准后方可执行。

（2）对试运行及正式运行状态的信息系统运行方式产生影响的工作，原则上均须通过检修计划进行申报，审批后方可执行。

2.5.1.2 检修计划分类

（1）计划检修指列入年度、月度和周检修计划的检修工作。

（2）临时检修指未列入年度、月度和周检修计划，需要适时安排的检修工作。

（3）消缺检修是指针对已明确的缺陷进行处理，消缺检修允许提报后立即执行，但应综合考虑检修影响范围。

（4）紧急抢修指因系统或设备异常需要紧急处理以及系统故障停运后所开展抢修及应急处置工作。

2.5.1.3 计划检修流程

（1）运维中心每月 17 日前完成次月月度一级检修计划编制。每月 18 日前组织调控中心及相关业务部门，召开次月月度检修计划平衡会，协调运维资源，确保检修顺利执行。每月 19 日前由调控中心上报科技信通部及国网信通部审批后发布。

（2）国家电网有限电力企业下发的一级检修计划由调控中心协调签收后发布，运维中心协调运维资源组织实施。

（3）运维中心每周四完成二级检修计划编制工作，组织调控中心召开二级检修计划平衡会，并由调控中心上报科技信通部审批后发布。

（4）一级检修在检修前需报检修方案。涉及联调的一级检修计划，需提前与联调单位沟通，获得联调单位同意。

（5）一级检修不允许取消或变更，二级检修不得无故取消或变更已批准的检修计划。如需取消或变更，由部门主任审批后及时向调控中心报告。

2.5.1.4 临时检修流程

（1）临时检修计划的编制应考虑检修工作的紧迫性和必要性，原则上尽量避免安排临时检修工作。

（2）临时检修计划需提前 1 天上报，经部门主任审核后，报调控中心审核并发布。涉及 IMS 或容灾的检修计划不得提报临时检修。

2.5.1.5 消缺检修流程

（1）消缺检修计划需提前 1h 提报，提报时需明确本次检修所针对的缺陷，经部门主任审核后，报调控中心审核并发布。

（2）消缺检修计划由调控中心许可后执行，必要时需通知归口业务部门。

2.5.1.6 紧急抢修流程

（1）信息系统出现突发事件时，应立即开展紧急抢修，通知分管领导及调控中心。

（2）紧急抢修工作需要启动应急预案时，应按照应急预案启动流程进行上报，以快速恢复业务为首要任务，尽快消除故障，必要时可先进行抢修，完成后再办理相关工作票、操作票及故障跟踪表。

（3）紧急抢修完成后，要依据各单位相关要求开展事故分析。

2.5.1.7　检修分析

（1）运维中心应定期对检修情况进行总结和分析，并形成分析报告。内容包括检修类型、检修内容、检修周期、计划检修执行情况、非计划检修实施情况的月度分析等。

（2）对信息系统突发事件，在紧急抢修工作结束后，要依据相关安全管理规定，及时进行分析，制订整改完善措施并落实。

2.5.2　网络设备标准化作业

2.5.2.1　核心交换机标准化作业

（1）核心交换机检修工作是对设备进行消缺、变更、调测和升级等操作。

（2）检修工作必须坚持"统一管理、分级调度、逐级审批、规范操作"的原则，实行闭环管理。检修主要包括计划检修、临时检修和紧急抢修三类，其中应以计划检修为主，通过优化检修计划，最大限度提高设备的可用率。

（3）检修准备工作包括但不限于如下内容。

1）组织工作班组学习检修方案，包括检修时间、检修步骤、交换机配置命令、检修验证操作等。

2）提前向信息调度提报计划检修申请，确认影响范围，并通知相关业务部门。

3）办理两票手续。

4）准备检修工作涉及的软件、硬件设备以及工器具。

5）做好配置文件备份。

（4）检修实施工作包括但不限于如下内容。

1）检修工作应按照通告中的计划时间开展，如若延期需报信息调度批准，并告知相关业务部门。

2）开工前，工作负责人需向信息调度提报申请，得到许可后方可开工。

3）启动检修工作前，需确认路由器运行正常，现场运行方式与检修方案一致。

4）工作负责人组织工作班组成员按照检修方案操作步骤，逐项操作并记录。

5）检修作业完毕后，需验证检修结果。

6）检修验证合格后，工作负责人需向信息调度提报竣工申请，并告知相关业务部门检修完毕。

7）检修验证不合格，需按照检修方案进行回退。

8）对资料进行完善归档，并通过邮件移交相关运行人员。

（5）检修注意事项。

1）检修时应按规范操作，避免误碰、误操作。

2）若涉及在运设备现场操作，需佩戴防静电手环，防止静电损坏。

3）检修完成后，应及时（5 个工作日内）更新台账、标签等资料。

2.5.2.2　汇聚交换机标准化作业

（1）汇聚交换机检修工作是指对设备进行消缺、变更、调测和升级等操作。

（2）检修工作必须坚持"统一管理、分级调度、逐级审批、规范操作"的原则，实行闭环管理。检修主要包括计划检修、临时检修和紧急抢修三类，其中应以计划检修为主，通过优化检修计划，最大限度提高设备的可用率。

（3）检修准备工作包括但不限于如下内容。

1）组织工作班组学习检修方案，包括检修时间、检修步骤、交换机配置命令、检修验证操作等。

2）提前向影响范围内的业务部门发布通告。

3）办理两票手续。

4）准备检修工作涉及的软件、硬件设备以及工器具。

5）做好配置文件备份。

（4）检修实施工作包括但不限于如下内容。

1）检修工作应按照通告中的计划时间开展，如若延期需获得本单位信通部门主管批准，并告知相关业务部门。

2）工作负责人组织工作班组成员按照检修关联的操作票步骤，逐项操作并记录。

3）检修作业完毕后，需验证检修结果。

4）检修验证合格后，工作负责人需告知相关业务部门检修完毕。

5）检修验证不合格，需按照检修方案进行回退。

6）对资料进行完善归档，并通过邮件移交相关运行人员。

（5）检修注意事项如下。

1）检修时应按规范操作，避免误碰、误操作。

2）若涉及在运设备现场操作，需佩戴防静电手环，防止静电损坏。

3）检修完成后，应及时（5 个工作日内）更新台账、标签等资料。

2.5.2.3　接入交换机标准化作业

（1）接入交换机检修工作是指对设备进行消缺、变更、调测和升级等操作。

（2）检修工作必须坚持"统一管理、分级调度、逐级审批、规范操作"的原则，实行闭环管理。检修主要包括计划检修、临时检修和紧急抢修三类，其中应以计划检修为主，通过优化检修计划，最大限度提高设备的可用率。

（3）检修准备工作包括但不限于如下内容。

1）组织工作班组学习检修方案，包括检修时间、检修步骤、交换机配置命令、检修验证操作等。

2）提前向影响范围内的业务部门发布通告。

3）办理两票手续。

4）准备检修工作涉及的软件、硬件设备以及工器具。

5）做好配置文件备份。

（4）检修实施工作包括但不限于如下内容。

1）检修工作应按照通告中的计划时间开展，如若延期需获得本单位信通部门主管批准,并告知相关业务部门。

2)工作负责人组织工作班组成员按照检修关联的操作票步骤,逐项操作并记录。

3)检修作业完毕后,需验证检修结果。

4)检修验证合格后,工作负责人需告知相关业务部门检修完毕。

5)检修验证不合格,需按照检修方案进行回退。

6)对资料进行完善归档,并通过邮件移交相关运行人员。

(5)检修注意事项如下。

1)检修时应按规范操作,避免误碰、误操作。

2)检修完成后,应及时(5个工作日内)更新台账、标签等资料。

2.5.3　安全设备标准化作业

作为安全设备的防火墙,其标准化作业如下。

(1)防火墙检修工作是对设备进行维护、消缺、变更、调测和升级等操作。

(2)防火墙检修工作需严格按照检修流程执行,提前申报计划,编制检修方案,明确影响范围,办理两票手续,做好配置文件备份,并向上级主管部门及省信通调度报备。

2.5.4　主机设备标准化作业

2.5.4.1　巡视检修

(1)通过 Tivoli agent 实时监控设备系统资源的使用情况。通过 HMC 实时监控设备硬件运行状态。

(2)通过脚本收集各生产系统分区 errpt 告警信息,检查当日软硬件错误。

(3)各应用应关注应用文件系统使用率情况,及时扩容文件系统。

(4)日常巡检的频率为 2 次/天。

2.5.4.2　日常维护

(1)做到定期备份,首次安装全备一次,每 2 个月例行备份,重大调整前、后备份,保证 2 个版本的介质。数据库主机 1~4 周备份一次(采用企业级备份软件 TSM)。

（2）口令台账维护，根据国家电网有限电力企业安全要求及口令管理规程，各用户要定期更新有一定密码强度的用户口令，并维护台账。

（3）设备除尘定期除尘，小型机属于高端 IT 设备，每季度除尘，保持进风口通畅。

（4）每季度对各小型机系统进行深度巡检，排查隐患。

2.5.5　存储设备标准化作业

2.5.5.1　网络附属存储标准化作业

1．检修工作

网络附属存储（network attached storage，NAS）检修工作是指对设备进行检查、维护、消缺、变更、调测和升级等操作。检修工作必须坚持"统一管理、分级调度、逐级审批、规范操作"的原则，实行闭环管理。检修主要包括计划检修、临时检修和紧急抢修三类，其中应以计划检修为主，通过优化检修计划，最大限度提高设备的可用率。

2．检修准备工作要求

检修准备工作包括但不限于如下内容。

（1）组织工作班组学习检修方案，包括检修时间、检修步骤、NAS 存储配置命令、检修验证操作等。

（2）提前一周向信息调度部门提报计划检修申请，确认影响范围，并通知相关业务部门。

（3）办理两票手续。

（4）准备检修工作涉及的软件、硬件设备以及工器具。

3．检修实施工作要求

检修实施工作包括但不限于如下内容。

（1）开工前，工作负责人需向信息调度部门提报申请，得到许可后方可开工。

（2）启动检修工作前，需确认 NAS 存储运行正常，现场运行方式与检修方案一致。

（3）工作负责人组织工作班组成员按照检修方案步骤，逐项操作并记录。

（4）检修作业完毕后，需验证检修结果。

（5）检修验证合格后，工作负责人需向信息调度部门提报竣工申请。

（6）检修验证不合格，需按照检修方案进行回退。

（7）对资料进行完善归档，并移交相关运行人员。

4．检修注意事项

检查设备状态时，应按规范操作，防止设备误碰。若涉及在运设备现场操作，需佩戴防静电手环，防止静电损坏。

2.5.5.2　SAN 标准化作业

1．检修工作

（1）SAN 检修工作是指对设备进行检查、维护、消缺、变更、调测和升级等操作。

（2）检修工作必须坚持"统一管理、分级调度、逐级审批、规范操作"的原则，实行闭环管理。检修主要包括计划检修、临时检修和紧急抢修三类，其中应以计划检修为主，通过优化检修计划，最大限度提高设备的可用率。

2．检修准备工作包括但不限于以下内容

（1）组织工作班组学习检修方案，包括检修时间、检修步骤、SAN 配置命令、检修验证操作等。

（2）提前一周向信息调度部门提报计划检修申请，确认影响范围，并通知相关业务部门。

（3）办理两票手续。

（4）准备检修工作涉及的软件、硬件设备以及工器具。

（5）做好配置文件备份。

3．检修实施工作包括但不限于以下内容

（1）开工前，工作负责人需向信息调度部门提报申请，得到许可后方可开工。

（2）启动检修工作前，需确认 SAN 运行正常，现场运行方式与检修方案一致。

（3）工作负责人组织工作班组成员按照检修方案步骤，逐项操作并记录。

（4）检修作业完毕后，需验证检修结果。

（5）检修验证合格后，工作负责人需向信息调度部门提报竣工申请。

（6）检修验证不合格，需按照检修方案进行回退。

（7）对资料进行完善归档，并移交相关运行人员。

4．检修注意事项

检查设备状态时，应按规范操作，防止设备误碰。若涉及在运设备现场操作，需佩戴防静电手环，防止静电损坏。

2.5.6　不间断电源标准化作业

（1）UPS 电源系统检修工作是指对设备进行检查、维护、消缺、变更、调测和升级等操作。

（2）检修工作必须坚持"统一管理、分级调度、逐级审批、规范操作"的原则，实行闭环管理。检修主要包括计划检修、临时检修和紧急抢修三类，其中应以计划检修为主，通过优化检修计划，最大限度提高设备的可用率。

（3）检修准备工作包括但不限于以下内容。

1）组织工作班组学习检修方案，包括检修时间、检修步骤、检修验证操作等。

2）提前向信息调度提报计划检修申请，确认影响范围，并通知相关业务部门。

3）办理两票手续。

4）准备检修工作涉及的软件、硬件设备以及工器具。

（4）检修实施工作包括但不限于以下内容。

1）检修工作应按照通告中的计划时间开展，如若延期需报信息调度批准。

2）开工前，工作负责人需向信息调度提报申请，得到许可后方可开工。

3）启动检修工作前，需确认 UPS 电源运行正常，现场运行方式与检修方案一致。

4）工作负责人组织工作班组成员按照检修方案步骤，逐项操作并记录。

5）检修作业完毕后，需验证检修结果。

6）检修验证合格后，工作负责人需向信息调度提报竣工申请。

7）检修验证不合格，需按照检修方案进行回退。

8）对资料进行完善归档，并移交相关运行人员。

（5）检修注意事项。

1）检修时应按规范操作，防止设备误碰、误操作。

2）检修完成后，应及时更新台账、标签等资料。

2.5.7　精密空调标准化作业

（1）精密空调检修应坚持"统一管理、分级调度、逐级审批、规范操作"的原则，实行闭环管理。检修主要包括计划检修、临时检修和紧急抢修三类，其中应以计划检修为主，通过优化检修计划，最大限度提高设备的可用率。

（2）检修准备工作包括但不限于：

1）提前一周向信息调度部门提报计划检修申请，确认影响范围。

2）办理两票手续，准备检修工器具。

3）检修实施工作包括但不限于以下内容。

a. 开工前，工作负责人向信息调度部门提报申请，得到许可后方可开工。

b. 启动检修工作前，确认精密空调运行方式与检修方案一致。

c. 工作负责人组织工作班组成员按照步骤，逐项操作并记录。

d. 检修作业完毕后，验证检修结果。

e. 检修验证合格后，工作负责人向信息调度部门提报竣工申请。

f. 对资料进行完善归档，并移交相关运行人员。

4）检修注意事项。

a. 检查设备状态时，应按规范操作，防止设备误碰。

b. 需佩戴防静电手环，防止静电损坏。

第3章 机房基础设施安全运行要求

本章主要对机房包括消防、电源、空调、动环系统等基础设施，从概述、巡视要求、运行维护三个方面进行分析。

3.1 机房消防运行要求

（1）机房应设置灭火设备和火灾自动报警系统。灭火器等消防器材应合格，并有定期检查记录，位置清晰，方便使用。凡设有洁净气体灭火系统的机房应配置专用的空气呼吸器或氧气呼吸器。

（2）组合采用感烟、感温两种探测器，能够自动检测火情、自动报警。

（3）机房门应采用防火材料，并保证在任何情况下都能从机房内打开。

（4）进出设备底部和机房的所有孔洞都要进行防火封堵处理。电缆井、管道井应在每层楼板处用阻燃材料密封，通向其他房间的地槽、墙上孔洞、已装放电缆的墙体孔隙要采用阻燃材料封堵。凡近期不使用的孔洞均应用阻燃材料封闭。

3.2 电源设备运行要求

3.2.1 蓄电池运行要求

3.2.1.1 概述

1. 设备的用途

蓄电池在 UPS 供电系统中的主要作用就是储存电能，一旦市电中断，由电池放电供给逆变器，由逆变器将电池释放出的直流电转变为正弦交流电，维持 UPS 的电源输出，确保负载在一定的时间内正常用电。在市电正常供电时，电池在整流-充电电路中储存电能，同时对直流电路起到平滑滤波的作用，并在逆变器发生过载时，起到缓冲器的作用。

2．设备的组成

按照现场设备的后备电池电压需求，由多节免维护铅酸电池串联或者并联组成电池组，串接在 UPS 的主负载线路中。目前，阀控式铅酸蓄电池使用较多的是 2V 系列和 12V 系列。

3．蓄电池室要求

信息机房蓄电池应放置在单独房间，房间应满足阴凉、干燥、通风要求，应配置空调、排气扇、灭火器、可燃气体监测报警装置等。

3.2.1.2　巡视工作

（1）现场巡视要求：值班人员应每日对蓄电池现场巡视，并填写现场巡视记录单。

（2）现场巡视内容包括但不限于以下项目：

1）蓄电池各部件是否存在过热、松动现象，是否有异常声音、异常气味。

2）电池壳体和极柱温度是否正常，极柱、安全阀周围有无渗液或酸雾逸出，电池壳体有无变形和渗液。

3）蓄电池室内温度是否保持在 15～28℃之间，设备所在房间湿度是否满足 35%～75%。

4）蓄电池室内是否无漏水、漏气现象、地面整洁，照明充足、通风良好。

5）正常运行中的蓄电池组监测装置有无报警。

6）正常照明和应急照明设施是否运行良好，应定期进行熄灯检查。

7）蓄电池室内消防器材是否充足、完好。

3.2.1.3　运行维护

（1）蓄电池日常维护工作应以主动维护为核心，编制应急预案，结合检修计划开展应急演练。

（2）蓄电池应定期完成充放电测试，测试频率每年 1 次。

（3）各单位应定期开展蓄电池运行情况分析，完成年度运行分析报告。

3.2.2 交流不间断电源运行要求

3.2.2.1 概述

（1）设备用途：UPS 电源系统为信息机房内服务器、工作站、网络、存储、卫星同步时钟、网络安全防护等设备提供稳定、可靠的交流不间断电源。

（2）设备组成：信息机房 UPS 电源系统由 UPS 电源主机、交流输入屏、交流输出屏、蓄电池组等部分组成。交流输入屏内配置自动切换装置（ATS）。UPS 电源主机主要由整流器、逆变器、静态旁路切换开关、通信接口等部分组成。

（3）运行环境：机房环境温度需满足 15～28℃，湿度需满足 35%～75%。

3.2.2.2 UPS 电源系统配置原则

（1）信息机房应配置两路来自不同电源点的交流市电，并预留应急发电车接口。

（2）信息机房应配置两套独立的 UPS 电源，正常情况下采取分列运行方式，但须具备并机功能，设置出线母联开关。每台 UPS 电源主机应设置维修旁路开关，UPS 电源主机整体检修时，通过手动旁路供电。每台 UPS 电源单机负载率应不高于 40%，外供交流电失去后 UPS 电池满载供电时间应不小于 2h。

（3）双电源模块负载的两个电源模块应分别连接至两套 UPS 电源的交流出线分配屏，单电源模块负载应接入静态切换开关（STS）实现两套 UPS 电源自动无缝切换。

（4）UPS 电源主机配置旁路检修开关，在 UPS 电源主机进行检修维护时，可闭合旁路检修断路器为负载供电。

（5）UPS 电源系统应接入机房动环监控系统，具备远程监视功能，异常情况应实时报警。主要监控内容包括 UPS 电源主机输入电压、输入电流、各相输出电压、各相输出电流及告警信息等。

3.2.2.3　巡视工作

（1）现场巡视要求：信息机房运行值班人员每天按要求对 UPS 电源系统巡视一次，并填写现场巡视记录单。

（2）现场巡视内容包括但不限于以下项目。

1）UPS 电源室、蓄电池室运行环境，温度 15～28℃，湿度 35%～75%，无凝露。

2）UPS 电源主机有无异响、异味等，显示屏有无告警提示。

3）空气开关位置是否正确，ATS 运行指示灯是否正常。

4）蓄电池室有无明显异味，蓄电池有无变形、破损、漏液。

5）交流出线屏电压、电流值是否在正常范围，相电压 220V 左右，电流值无异常变化。

6）UPS 电源主机远程监视、蓄电池组电压在线监测是否正常。

（3）运行值班人员应熟悉 UPS 电源系统结构图、UPS 电源系统应急预案，掌握 UPS 电源系统基本操作步骤，具备一定应急处置能力。

（4）遇到 UPS 电源紧急情况，运行值班人员应根据应急预案进行必要的应急处置，同时第一时间通知相关维护人员进行处理。

3.3　空调设备运行要求

3.3.1　普通空调运行要求

3.3.1.1　概述

（1）普通空调的运行安全与否直接关系到机房能否实现安全经济运行，因此，运维人员必须具有高度的工作责任心和事业心，严格执行有关制度规程规定，确保安全生产。

（2）运维人员应熟练掌握普通空调的运行方式、技术规范、安装地点、操作要领、安全注意事项、异常及故障情况的处理等要求。

3.3.1.2　巡视工作

（1）现场巡视要求：值班人员应每周对普通空调现场巡视，并填写巡视记录表。

（2）现场巡视内容包括但不限于以下项目：

1）检查设备是否有告警信息。

2）检查空调制冷效果，送风是否正常。

3）检查空调周边是否有油迹，是否漏水。

4）检查冷凝水盘出水口是否通畅。

5）检查室内机、室外机运行是否正常，有无异响。

（3）记录空调面板显示数据。

现场巡视应严格按照《国家电网电力企业电力安全工作规程（信息、电力通信、电力监控部分）》相关规定进行操作，避免误碰、误触导致设备故障停运。

（4）在下列情况下，应对普通空调进行特殊巡视，按需增加巡视频度。

1）新投运或经过大修、改造的普通空调，投运72h内。

2）普通空调电源空气开关跳闸后。

3）设备异常、有严重缺陷时。

4）遇到恶劣天气时（如大风、雷雨、大雾、大雪、冰雹、寒潮等）。

5）运行中存在可疑现象时。

6）高温季节、高峰负荷期间。

7）空调过负荷或过电压运行时。

3.3.1.3 运行维护

（1）根据季节天气的特点，调整空调温度、除湿、加湿参数设置运行方式。

（2）空调故障导致环境温度升高期间尽可能开窗开门通风。

（3）当发现故障缺陷时，应当按以下步骤，在最短时间内恢复空调的工作，确保机房内各类设备的正常运行。

1）及时向主管领导汇报并通知空调设备相关管理人员和空调设备厂商对问题进行诊断。

2）排除故障恢复空调运行。

3）通过查看空调设备系统日志等方式进行故障分析。

4）形成故障分析报告，修正空调系统运行方式并归档。

5）空调设备长时间停用时，应断开其控制电源开关。

3.3.2　精密空调运行要求

3.3.2.1　概述

（1）设备用途：精密空调是适用于机房运行环境的专用空调，精密空调可将机房内的温度、湿度严格控制在特定范围，提高设备运行稳定性和可靠性。

（2）设备组成：精密空调按照其所使用的冷源方式分为风冷机组和冷冻水机组。风冷机组主要由压缩机、冷凝器、风机、膨胀阀、蒸发器、空气过滤器、加湿器、排水槽、管道、外机等组成。冷冻水机组主要由蒸发器、EC 风机、电动阀、空气过滤器、加湿器、排水槽、供回水管路等组成。运行维护范围包含以上部件的故障处理及日常运行工作。

（3）运行环境：机房运行环境为温度 15～28℃，湿度 35%～75%。

3.3.2.2　巡视工作

现场巡视要求：C 类及以上机房应每日 1 次进行空调设备现场巡视，D 类机房可根据实际情况按需巡视。

1．现场巡视内容包括但不限于以下项目

（1）检查液晶面板有无告警信息。

（2）检查空调制冷效果，送风通道有无冷气送出。

（3）检查空调周边是否有油迹，是否漏水。

（4）检查压缩机、风机运行状态，查看有无异响及停转现象。

（5）记录空调面板显示温湿度。现场巡视时应严格按照相关规程操作，避免误碰、误触导致空调系统发生故障。

远程巡视要求：精密空调运行状况宜通过机房动力环境监控系统由信息调度值班人员 7×24h 实时监控，重点查看温湿度、水浸、告警信息等各项数据是否正常。

2．远程巡视内容包括但不限于以下项目

（1）查看动环监控系统是否存在告警信息。

（2）记录空调显示温湿度。

3．在下列情况下，应对精密空调进行特殊巡视，按需增加巡视频度

（1）新投运或经过大修、改造的精密空调，投运 72h 内。

（2）精密空调电源空气开关跳闸后。

（3）设备异常或有严重缺陷时。

（4）遇到恶劣天气时（如大风、雷雨、大雾、大雪、冰雹、寒潮等）。

（5）运行中存在可疑现象时。

（6）高温季节、高峰负荷期间。

（7）空调过负荷或过电压运行时。

4．运行维护

（1）应根据季节天气的特点，调整空调除湿（夏季）、加湿（冬季）运行方式。

（2）精密空调每年应更换一次滤网，每半年应更换一次皮带，每季度应清洗一次室外机。

（3）因精密空调故障导致机房环境温度升高，在空调检修期间尽可能开窗开门通风，并在相关规程许可范围内采用风扇等临时措施降温。

（4）空调设备长时间停用时，应断开其控制电源开关。

（5）当发现精密空调故障缺陷时，应当按以下步骤进行处置。

1）及时向主管领导汇报并通知空调运维人员和空调设备厂商赶赴现场进行诊断。

2）通过查看空调系统日志等方式进行故障分析。

3）及时排除故障，在最短时间内恢复空调正常运行。

4）形成故障分析报告，修正空调系统运行方式并归档。

3.4　动环监控运行要求

（1）机房应配置独立专用空调和温湿度计量设施。

（2）A、B 类机房温度应控制在 23℃±1℃，湿度应控制在 40%～55%。C 类机房温度应控制在 20～26℃，湿度应控制在 35%～75%。

（3）机房应具备动力环境和设备监测系统，并接入机房运行监控系统。机房监控系统应具有本地和远程报警功能。

第4章 终端安全要求

本章对内外网办公用台式机、笔记本和云终端等办公计算机及其外设信息安全管理的职责及管理要求做出具体规定并规范终端作业要求。

4.1 终端安全基本要求

（1）本章对电力企业信息内外网办公用台式机、笔记本和云终端等办公计算机及其外设信息安全管理的职责及管理要求做出的具体规定。

（2）信息内外网办公计算机分别运行于信息内网和信息外网。

（3）信息内网定位为电力企业信息业务应用承载网络和内部办公网络。

（4）信息外网定位为对外业务应用网络和访问互联网用户终端网络。

（5）电力企业信息内外网执行等级防护、分区分域、逻辑强隔离、双网双机策略。

（6）办公计算机信息安全管理遵循"涉密不上网、上网不涉密"的原则。

（7）严禁将涉及国家秘密的计算机、存储设备与信息内外网和其他公共信息网络连接，严禁在信息内网办公计算机上处理、存储国家秘密信息，严禁在信息外网办公计算机上处理、存储涉及国家秘密和企业秘密信息，严禁信息内网和信息外网办公计算机交叉使用。

4.2 终端运行一般原则

（1）电力企业办公计算机信息安全工作按照"谁主管谁负责、谁运行谁负责、谁使用谁负责"原则，电力企业各级单位负责人为本部门和本单位办公计算机信息安全工作主要责任人。

（2）电力企业各级单位信息通信管理部门负责办公计算机的信息安全工作，按照电力企业要求做好办公计算机信息安全技术措施指导、落实与检查工作。

（3）办公计算机使用人员为办公计算机的第一安全责任人，未经本单位运行维护人员同意并授权，不允许私自卸载电力企业安装的安全防护与管理软件，确保本人办公计算机的信息安全和内容安全。

（4）电力企业各级单位信息通信运行维护部门负责办公计算机信息安全措施的落实、检查实施与日常维护工作。

4.3 办公计算机管理要求

（1）办公计算机要按照国家信息安全等级保护的要求实行分类分级管理，根据确定的等级，实施必要的安全防护措施。信息内网办公计算机部署于信息内网桌面终端安全域，信息外网办公计算机部署于信息外网桌面终端安全域，桌面终端安全域要采取安全准入管理、访问控制、入侵监测、病毒防护、恶意代码过滤、补丁管理、事件审计、桌面资产管理、保密检测、数据保护与监控等措施进行安全防护。

（2）办公计算机、外设及软件安装情况要登记备案并定期进行核查，信息内外网办公计算机要明显标识。

（3）严禁办公计算机"一机两用"（同一台计算机既上信息内网，又上信息外网或互联网）。

（4）办公计算机不得安装、运行、使用与工作无关的软件，不得安装盗版软件。

（5）办公计算机要妥善保管，严禁将办公计算机带到与工作无关的场所。

（6）禁止开展移动协同办公业务。

（7）信息内网办公计算机不能配置、使用无线上网卡等无线设备，严禁通过电话拨号、无线等各种方式与信息外网和互联网络互联，应对信息内网办公计算机违规外连情况进行监控。

（8）电力企业办公区域内信息外网办公计算机应通过本单位统一互联网出口接入互联网。严禁将电力企业办公区域内信息外网办公计算机作为无线共享网络节点，为其他网络设备提供接入互联网服务，如通过随身 Wi-Fi 等为手机等移动设备提供接入互联网服务。

（9）接入信息内外网的办公计算机 IP 地址由运行维护部门统一分配，并与办公计算机的 MAC 地址进行绑定。

（10）定期对办公计算机企业防病毒软件、木马防范软件的升级和使用情况进行检查，不得随意卸载统一安装的防病毒（木马）软件。

（11）定期对办公计算机补丁更新情况进行检查，确保补丁更新及时。

（12）定期检查办公计算机是否安装盗版办公软件。

（13）定期对办公计算机及应用系统口令设置情况进行检查，避免空口令，弱口令。

（14）采取措施对信息外网办公计算机的互联网访问情况进行记录，记录要可追溯，并保存六个月以上。

（15）采取数据保护与监管措施对存储于信息内网办公计算机的企业秘密信息、敏感信息进行加解密保护、水印保护、文件权限控制和外发控制，同时对文件的生成、存储、操作、传输、外发等各环节进行监管。

（16）加强对电力企业云终端安全防护，做好云终端用户数据信息访问控制，访问权限应由运行维护部门统一管理，避免信息泄露。

（17）采用保密检查工具定期对办公计算机和邮件收发中的信息是否涉及国家秘密和企业秘密的情况进行检查。

（18）加强对办公计算机桌面终端安全运行状态和数据级联状态的监管，确保运行状态正常和数据级联贯通，按照电力企业相关要求及时上报运行指标数据。

（19）加强数据接口规范，严禁修改、替换或阻拦防病毒（木马）、桌面终端管理等报送监控数据接口程序。

（20）电力企业各级单位要使用电力企业统一推广的计算机桌面终端管理系统，加强对办公计算机的安全准入、补丁管理、运行异常、违规接入安全防护等的管理，部署安全管理策略，进行安全信息采集和统计分析。

4.4 外设管理要求

（1）严禁扫描仪、打印机等计算机外设在信息内网和信息外网上交叉使用。严禁采用非电力企业安全移动存储介质拷贝信息内网信息。

（2）计算机外设要统一管理、统一登记、配置属性参数。

（3）严禁私自修改计算机外设的配置属性参数。如需修改，必须报知运行维护部门，按照相关流程进行维护。

（4）计算机外设的存储部件要定期进行检查和清除。

（5）加强安全移动存储介质管理。

（6）电力企业安全移动存储介质主要用于涉及电力企业秘密信息的存储和内部传递，也可用于信息内网非涉密信息与外部计算机的交互，不得用于涉及国家秘密信息的存储和传递。

（7）安全移动存储介质的申请、注册及策略变更应由人员所在部门负责人进行审核后交由本单位运行维护部门办理相关手续。

（8）应严格控制安全移动存储介质的发放范围及安全控制策略，并指定专人负责管理。

（9）安全移动存储介质应当用于存储工作信息，不得用于其他用途。涉及电力企业秘密的信息必须存放在安全移动存储介质的保密区，不得使用普通存储介质存储涉及电力企业秘密的信息。

（10）禁止将安全移动存储介质中涉及电力企业秘密的信息拷贝到信息外网或外部存储设备。

（11）应定期对安全移动存储介质进行清理、核对。

（12）安全移动存储介质的维护和变更应遵循本办法的第五章相关条款执行。

（13）涉及国家秘密安全移动存储介质的安全管理按照电力企业有关保密规定执行。

4.5　维护和变更要求

4.5.1　人员管理要求

（1）加强对办公计算机使用人员的管理，开展经常性的信息安全教育培训，提高办公计算机使用人员的信息安全意识与技能。

（2）加强外来人员和第三方人员对办公计算机使用的管理，对外来人员和第三方人员使用办公计算机进行审批，加强外来人员和第三方人员使用办公计算机的监督与审计。

（3）办公计算机及外设使用人员离岗离职，人员所在原部门不得对其办公计算机及外设擅自进行处理，要及时报运行维护部门对存储的企业秘密信息、敏感信息进行清理后清退至固定资产管理部门，并取消离岗离职人员办公计算机及应用系统的访问权限。

4.5.2　检查考核

（1）应建立常态检查机制，同时辅以不定期抽查，及时发现问题并督促整改。

（2）对于违反本办法情节较轻的，由本单位予以批评教育。情节严重的按电力企业相关规定进行处理。

（3）办公计算机及外设需进行维护时，应由本单位对办公计算机和外设中存储的信息进行审核，通过本单位负责人的审批后报送运行维护部门进行维护。

（4）办公计算机及外设在变更用途，或不再用于处理信息内网信息，或不再使用，或需要数据恢复时，要报运行维护部门，由运行维护部门负责采取安全可靠的手段恢复、销毁和擦除存储部件中的信息，原则上禁止通过外部单位进行数据恢复、销毁和擦除工作。

4.6 终端作业规范

4.6.1 准备工作

（1）准备现场设备运行资料。

（2）核查工作方案，由专业管理部门负责核查通过。

（3）施工单位向专业管理部门提交工作申请并获得批准。

4.6.2 劳动组织

劳动组织明确了工作所需人员类别、人员职责和作业人员数量。

4.6.2.1 安装人员 2 名及以上

（1）严格依照安规及作业指导书要求作业。

（2）经过培训考试合格，对本项作业的质量、进度负有责任。

4.6.2.2 工作负责人 1 名

（1）明确作业人员分工。

（2）办理工作票，组织编制安全措施、技术措施，合理分配工作并组织实施。

（3）工作前对工作人员交代安全事项，工作结束后总结经验与不足之处。

（4）严格遵照安规对作业过程安全进行监护。

（5）对现场作业危险源预控负有责任，负责落实防范措施。

（6）对作业人员进行安全教育，督促工作人员遵守安规，检查工作票所载安全措施是否正确完备，安全措施是否符合现场实际条件。

（7）工作终结检查确认。

4.6.2.3 技术负责人 1 名

（1）对安装作业措施、技术指标进行指导。

（2）指导现场工作人员严格按照本作业指导书进行工作，同时对不规范的行为进行制止。

（3）可以由工作负责人或安装人员兼任。

4.6.3　人员要求

人员要求明确了工作人员的精神状态，工作人员的资格包括作业技能、安全资质和特殊工种资质等要求。

（1）现场工作人员的身体状况、精神状态良好。

（2）所有作业人员必须具备必要的电气知识，基本掌握本专业作业技能及安全工作的相关知识。

（3）所有作业工作成员认真学习本作业指导书，严格遵守、执行安全工作流程及技术措施。

（4）工作负责人必须经电力企业批准。

（5）新参加电气工作人员、实习人员和临时参加劳动人员（管理人员、临时工等），应经过安全知识教育后，并经考试合格方可下现场参加指定工作，并且不得单独工作。

（6）正确使用安全工器具和劳动防护用品。

（7）熟练掌握工器具、仪器仪表及其工作原理。

4.6.4　安装用设备与材料

根据安装项目，确定所需的安装用设备与材料：网线、数据网络设备（根据现场需要）、单相三线电源线（根据现场需要）、调试用笔记本电脑、直流电源线（根据现场需要）、记号笔、标牌、扎带、尾纤、绝缘胶布、同轴电缆（根据现场需要）、水晶头（根据现场需要）、机柜（根据现场需要）、设备连接插头/座（根据现场需要）。

4.6.5　工器具与仪器仪表

工器具与仪器仪表主要包括专用工具、常用工器具、仪器仪表、电源设施和软件等。

（1）网线钳。

（2）斜口钳。

（3）防静电护腕。

（4）标签打印机。

（5）万用表。

（6）网络流量检测仪。

（7）网线测试仪。

（8）配置软件。

（9）路由器操作系统软件。

（10）电源盘。

（11）螺丝刀（组合）。

（12）配置线。

4.6.6 技术资料

技术资料主要包括现场使用的图纸、出厂说明书及操作手册等。

（1）信息网络设备技术手册。

（2）信息详细技术参数表。

（3）信息结构拓扑图。

（4）电源接线图。

（5）信息设备备份文件。

4.6.7 风险分析与预防控制措施

工作负责人组织工作班成员对作业流程各环节进行风险分析，制订预防控制措施。

4.6.8 安装作业流程图

根据安装及联调全过程，以最佳的安装步骤和顺序对安装项目过程进行优化，形成的安装作业流程，终端安装标准化作业流程图如图 4-1 所示。

4.6.9 安装程序与作业规范

按照安装作业流程，对每一个安装项目，明确工作规范和质量要求等内容。

4.6.9.1 开工许可

责任人为工作负责人。

（1）工作负责人按照有关规定办理好工作（票）许可手续，对工作人员进行明确分工，交代工作地点、工作内容、工作任务。使参加工作的人员明确安装程序、质量要求、工艺方法及注意事项。

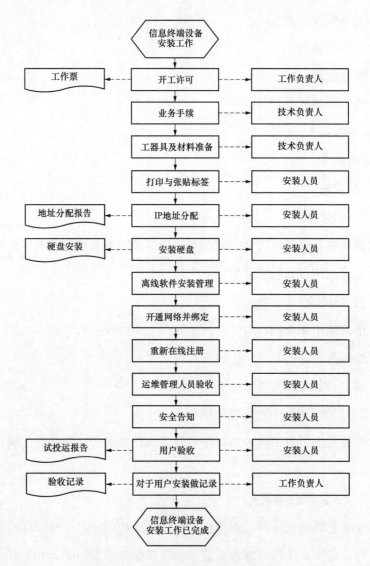

图 4-1 终端安装标准化作业流程图

（2）在工作负责人带领下进入作业现场并在工作现场向所有工作人员详
细交代作业任务、安全措施和安全注意事项，全体工作人员应明确作业范围、
进度要求等内容。

4.6.9.2 业务手续

责任人为技术负责人，检查领用发放业务手续是否齐全。

4.6.9.3 工器具及材料准备

责任人为技术负责人。

工器具：标签打印机、网络钳、网络测试仪、U 盘（内含各种安装软件）。

4.6.9.4 打印与张贴标签

责任人为安装人员。

（1）违规外联警示图案标识（主机、显示器），主机张贴在 USB 接口附近。

（2）内网办公计算机标识："内网办公专机 严禁一机两用 禁接无线设备 维修需报信通"（显示器），信息运维系统生成的运维标签和 IMS 系统生成的信息安全备案标签（主机）。

（3）外网电脑还要张贴"外网专用"标识（主机、显示器、网络线、网络面板）。

4.6.9.5 IP 地址分配

责任人为安装人员。

内外网终端由管理员分配 IP 地址。

4.6.9.6 安装硬盘

责任人为安装人员。

按照终端安装作业指导书重新安装。工作中存在静电损坏风险，在测试、检查过程中，必须佩戴静电护腕。

4.6.9.7 离线软件安装管理

责任人为安装人员。

（1）按照终端命名规范更改机器名。

（2）配置系统密码安全策略为：最低 8 位，符合复杂性要求。

（3）清理机器账户口令，保证只有一个 Administrator 用户并设置强口令，Guest 用户添加强口令，并禁用。

（4）清理共享文件夹。

（5）删除系统自带游戏。

（6）内网终端安装 WSUS。

（7）安装防病毒软件。

（8）内网终端缺省注册桌面系统注册。

（9）安装国网 wps，复制 RJeGovWPS.dll 到 C 盘 windows 中的 SYSTEM32 文件夹中并注册。安装标准字体（方正小标宋_GBK、方正仿宋_GBK、方正楷体简体）。

（10）安装 Apabi reader 4.3。

（11）安装 flash 11.4 软件。

（12）安装国网 RAR 解压缩文件。

工作中存在静电损坏风险，在测试、检查过程中，必须佩戴静电护腕。

4.6.9.8　开通网络并绑定

责任人为安装人员。

内、外网终端连接网络，联系后台管理员进行开通并接入绑定。

4.6.9.9　重新在线注册

责任人为安装人员。

重新在线注册机器，保证注册信息完整、准确。

4.6.9.10　运维管理人员验收

责任人为安装人员。

（1）检查是否注册，注册信息是否齐全。

（2）检查防病毒软件是否安装。

（3）检查弱口令是否清除。

（4）检查台账是否规范。

4.6.9.11　安全告知

责任人为安装人员。

告知用户信息安全注意事项。

4.6.9.12　用户验收

责任人为安装人员。

（1）机器标识是否张贴到位。

（2）软件是否按规定安装。

（3）能否正常上网。

（4）用户确认签字。

4.6.9.13 对于用户安装做记录

责任人为工作负责人。

（1）用户填写设备回收登记表。

（2）旧电脑应完整入库报废，不能缺少任何零件，尤其是主机内部，专人检查，并对硬盘进行消磁处理。

（3）设备管理员在信息运维系统中将原设备的运行状态改为退运。IMS系统中设备台账变更。桌面终端标准化管理系统、防病毒系统中将原设备信息删除。

第5章 典型应急预案

本章包括网络设备应急方案、机房消防应急方案、电源应急方案、精密空调应急预案四个典型应急预案。

5.1 网络设备应急方案

5.1.1 工作场所（信息机房）

5.1.1.1 事件特征

电力企业信息网络和信息系统突发故障、损毁、破坏、外部攻击、信息泄露等损害，严重影响电力企业业务应用正常运转，甚至造成社会影响。

5.1.1.2 岗位应急职责

1．现场工作人员

（1）及时向信通部门反映情况，并逐级汇报。

（2）按照信息运维人员要求进行先期处置。

2．信息运维人员

（1）确定突发事件类型和受影响范围。

（2）开展相关处置工作。

（3）及时向本单位领导汇报突发事件情况。

5.1.1.3 现场应急处置

（1）事件发生后，现场工作人员应及时向信通部门反映突发网络信息事件情况，并根据信通人员要求进行先期处置。

（2）信息运维人员应迅速确定突发网络信息事件类型和受影响范围，断开与周围设备互联的物理链路，防止受影响范围进一步扩大。

（3）接受上级职能部门及专业安全机构的指导，防止事件影响范围进一步扩大。

（4）向上级逐级报告。

（5）电力企业网络安全红蓝队为突发事件的分析、处置提供技术支撑和加固。

（6）对问题处置进度保持及时跟踪与信息发布，并与业务部门保持联系，通过信息通信客服对事件的发生原因、处置做好沟通。

5.1.1.4 注意事项

（1）信息运维人员应做好电力企业网络和信息系统的日常运维工作，定期开展安全检查，消除风险隐患。

（2）实时监测信息机房、主机（服务器）、信息内外网络、业务应用系统、桌面终端计算机的安全运行情况。

（3）一旦出现突发网络信息事件，无论影响范围大小，应及时汇报。

5.2 机房消防应急方案

5.2.1 工作场所：信息机房

5.2.1.1 事件特征

机房设备、设施冒烟、燃烧。

5.2.1.2 岗位应急职责

1. 责任区域负责人

（1）逐级汇报火情，必要时报火警。

（2）组织落实先期应急措施，消除或减轻事件风险。

（3）及时组织人员疏散。

（4）保障人员、设备安全。

2．现场人员

（1）服从指挥，协同应急处置或及时疏散。

（2）保障自身安全。

5.2.1.3　现场应急处置

（1）现场负责人查明火情，检查自动灭火装置是否启动，如未正确启动，应立即手动开启。同时，报告相关部门领导。

（2）初起火灾时现场人员应先自行扑救，应立即将有关设备的电源切断，然后使用二氧化碳灭火器进行灭火，并视情况及时拨打"119"报警。

（3）消防警铃报警时，责任区域负责人组织人员撤至安全区域。

（4）隔离事发现场，设置警示标志，并设专人看守。禁止任何无关人员擅自进入隔离区域。

（5）配合专业消防人员灭火。

（6）根据需要，组织医疗救护组，联系有关医疗机构对受伤人员实施医疗救护。

（7）根据着火机房的功能，启动相应备用设备或向上级专业部门报备本地机房功能已退出。

5.2.1.4　注意事项

（1）报警时应详细准确提供如下信息：单位名称、地址、起火部位、燃烧介质、火势大小及蔓延方向情况、本人姓名及联系电话等内容，并派人在指定路口接应。

（2）扑救时，扑救人员应根据火情和现场情况，佩戴防毒面具或正压式呼吸器，并站在上风侧灭火。

（3）人员撤离时要选择正确的逃生路线，听从指挥，不得使用电梯逃生，使用湿毛巾（棉织物）护住口鼻，低首俯身，贴近地面。

（4）专业消防人员进入现场救火时需向他们交代清楚带电部位、危险点及安全注意事项。

（5）电气设备、重要纸质文件火灾时，应用二氧化碳灭火器进行灭火。

5.3　电源应急方案

5.3.1　工作场所：信息机房

5.3.1.1　事件特征

机房电源部分失电或全部失电，引起设备无法正常运行，影响电力企业业务的正常运转。

5.3.1.2　岗位应急职责

1．现场工作人员

（1）及时向信通部门反映情况，并逐级汇报。

（2）按照信息运维人员要求进行先期处置。

2．信息运维人员

（1）确定突发事件类型和受影响范围。

（2）开展相关处置工作。

（3）及时向本单位领导汇报突发事件情况。

5.3.1.3　现场应急处置

（1）事件发生后，现场工作人员应及时向信通部门反映突发事件情况，并根据信通人员要求进行先期处置。

（2）信息运维人员应迅速确定突发事件类型和受影响范围。

（3）向上级报告。

（4）信息运维人员处置：查看市电接入是否正常，查看电源接线是否正常，排查可能引起短路的障碍，查看是否过负荷跳闸等，如常用解决办法不能恢复应用，判定为电源设备故障或其他暂时无法解决的故障。降设备负荷，停用部分非实时系统，确保重要实时系统设备（网络、营销、财务、生产、邮件、DOMINO等）的正常稳定运行。电源设备管理员和厂商人员排除故障，进行应急处理效果测试，恢复负荷，直至正常稳定运行。

（5）对问题处置进度保持及时跟踪与信息发布，并与业务部门保持联系，共同调查处置。

5.3.1.4　注意事项

（1）信息运维人员应做好电力企业信息机房的日常运维工作，定期开展电源安全检查，消除风险隐患。

（2）实时监测信息机房内主机（服务器）、业务系统等运行情况，以及 UPS 室内各电池组的电压、电流等参数状况。

（3）一旦出现电源系统故障事件，无论影响范围大小，应及时汇报。

5.4　精密空调应急预案

5.4.1　工作场所：信息机房

5.4.1.1　事件特征

信息机房温度持续升高，空调高压报警。

5.4.1.2　岗位应急职责

1．现场工作人员

（1）及时向信通部门反映情况，并逐级汇报。

（2）按照信息运维人员要求进行先期处置。

2．信息运维人员

（1）确定突发事件类型和受影响范围。

（2）开展相关处置工作。

（3）及时向本单位领导汇报突发事件情况。

5.4.1.3　现场应急处置

（1）当信息中心值班工程师巡检或接到相关专业人员报警发现机房温度持续升高时，空调高压报警，确认满足启用预案条件即启用此应急预案。

（2）通知空调设备管理员和水系统维保单位对问题进行诊断。

（3）降设备负荷，确保重要实时系统的正常稳定运行。排除故障恢复空调运行。

（4）安全审计及事故分析，步骤如下。

1）通过空调设备系统日志等，对事件进行审计，对损失进行评估，追查事件的发生原因。

2）消除隐患、调整策略。

3）根据审计结果，修正空调系统运行策略。

4）损失评估。

5）安全报告、归档。

6）由综合技术处形成事故分析报告，分析事故原因，修正预案处理流程并归档。

5.4.1.4　注意事项

（1）信息运维人员应做好电力企业信息机房的日常运维工作，定期开展空调安全检查，消除风险隐患。

（2）实时监测信息机房内温湿度等运行情况，以及精密空调等参数状况。

（3）一旦出现故障事件，无论影响范围大小，应及时汇报。

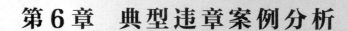

第6章 典型违章案例分析

本章列出信息专业常见的各类违章现象，选取内网违规外联、内网使用无线网络组网、私自架设互联网出口等十三个案例开展具体分析。

6.1 内网违规外联

6.1.1 违规现象

内网违规外联将导致内网信息存在暴露于互联网上的风险，主要有几种现象：①内网计算机接入外网。②外网计算机接入内网。③内网计算机利用无线网卡上网。④内网笔记本电脑打开无线功能。⑤智能手机或平板电脑接入内网计算机充电。⑥内、外网网线错插。

6.1.2 措施与建议

禁止内、外网混用计算机，严禁内网计算机违规使用 3G 上网卡、智能手机、平板电脑、外网网线等上网手段连接互联网的行为，严禁内网笔记本电脑打开无线功能，应通过桌面终端管理软件对该行为进行监控、阻断、告警等管理。内外违规外联案例示意图如图 6-1 所示。

图 6-1　内外违规外联案例示意图

6.2 内网使用无线网络组网

6.2.1 违规现象

无线网络安全性较低，内网是电力企业信息业务应用承载网络和内部办公网络。信息内网使用无线网络组网，或利用无线路由器搭建小型无线网络连接内网，安全上存在一定风险。

6.2.2 措施与建议

禁止信息内网使用无线网络组网。

内网使用无线网络组网违规案例示意图如图 6-2 所示。

图 6-2　内网使用无线网络组网违规案例示意图

6.3 内网开启文件共享

6.3.1 违章现象

在内网计算机上违规开启文件共享功能，导致共享资源极易被他人非法获取。

6.3.2 措施与建议

在内网计算机上关闭文件共享，信息运维部门应对内网计算机的共享资源进行扫描，发现问题，及时处理。

内网文件不许共享示意图如图 6-3 所示。

图 6-3　内网文件不许共享

6.4　私自架设互联网出口

6.4.1　违章现象

在外网私自建设互联网出口，未使用电力企业统一互联网出口，也未向电力企业报备，存在互联网出口安全防护较低，甚至无防护措施的情况，致使信息外网安全强度降低。

6.4.2　措施与建议

禁止私自架设互联网出口，禁止外网计算机使用 ADSL 或 3G 上网卡上网，应利用统一互联网出口上网，所有互联网出口必须向电力企业进行报备，并在互联网出口上部署电力企业要求的安全防护与安全监测设备，以保障电力企业外网安全。

私自架设互联网出口违规案例示意图如图 6-4 所示。

图 6-4　私自架设互联网出口违规案例示意图

6.5 私自接入电力企业信息内、外网

6.5.1 违章现象

未经审批，将智能手机、笔记本电脑、无线路由器等设备私自接入电力企业信息内、外网，可能使设备中存在病毒、木马或漏洞，给电力企业信息内、外网带来安全风险。

6.5.2 措施与建议

设备接入电力企业信息内、外网时，必须向信息运维部门提交入网申请，严禁未经许可私自接入电力企业信息内、外网。

私自接入电力企业信息内、外网违规案例示意图如图 6-5 所示。

图 6-5 私自接入电力企业信息内、外网违规案例示意图

6.6 私自架设网络应用

6.6.1 违章现象

在电力企业信息内，外网私自架设网站、论坛、文件服务器、游戏服务器等应用。

6.6.2 措施与建议

信息内网是电力企业信息化"SG186 工程"业务应用承载网络和内部办公网络，信息外网是对外业务网络和访问互联网用户终端网络，严禁利用电力企业信息内、外网私自提供网络应用服务。

私自架设网络应用违规案例示意图如图 6-6 所示。

图 6-6 私自架设网络应用违规案例示意图

6.7 私自更改 IP、MAC 地址

6.7.1 违章现象

私自更改办公计算机 IP、MAC 地址。

6.7.2 措施与建议

电力企业 IP 地址已统一规划，MAC 地址已与 IP 地址绑定并作为网络准入措施之一，如确实需要变更，应联系信息运维部门。

私自更改 IP、MAC 地址违规案例示意图如图 6-7 所示。

图 6-7 私自更改 IP、MAC 地址违规案例示意图

6.8 计算机及外部设备违规修理

6.8.1 违章现象

私自找外部单位维修处理办公计算机及外部设备，造成信息泄露。

6.8.2 措施与建议

将有故障的办公计算机以及外部设备统一交由电力企业计算机运维人员处理，严禁私自送修。

计算机及外部设备违规修理案例示意图如图 6-8 所示。

图 6-8 计算机及外部设备违规修理案例示意图

6.9 私自卸载桌面终端和防病毒软件

6.9.1 违章现象

私自将桌面终端、防病毒等软件卸载，致使计算机安全管理失控，造成安全隐患。

6.9.2 措施与建议

计算机应统一安装桌面终端、防病毒软件等，严禁私自卸载。

私自卸载桌面终端和防病毒软件违规案例示意图如图 6-9 所示。

图 6-9　私自卸载桌面终端和防病毒软件违规案例示意图

6.10　安装非办公软件

6.10.1　违章现象

在连接电力企业网络的计算机上安装非办公类软件（如游戏、炒股软件等）。

6.10.2　措施与建议

电力企业信息内、外网是支持电力企业员工办公的网络，禁止在连接电力企业网络的计算机上安装非办公类软件。

安装非办公软件违规案例示意图如图 6-10 所示。

图 6-10　安装非办公软件违规案例示意图

6.11 内外网混用计算机、打印机、多功能一体机等设备

6.11.1 违章现象

同一台计算机、打印机、多功能一体机等设备在内、外网交叉使用，会导致内网信息外泄。

6.11.2 措施与建议

内、外网上的计算机、打印机、多功能一体机等设备应专网专用，严禁混用。

内外网混用计算机、打印机、多功能一体机等设备违规案例示意图如图6-11所示。

图6-11 内外网混用计算机、打印机、多功能一体机等设备违规案例示意图

6.12 网络打印机未设置用户名密码

6.12.1 违章现象

网络打印机未设置强口令，未关闭FTP、SNMP等不必要的服务，会导致相关服务端口被非法利用，造成信息泄密。

6.12.2 措施与建议

为网络打印机设置强口令，关闭不必要的服务，或交由信息运维部门进行安全加固。

网络打印机未设置用户名密码违规案例示意图如图 6-12 所示。

图 6-12　网络打印机未设置用户名密码违规案例示意图

6.13　未妥善保管安全移动介质

6.13.1　违章现象

责任人随意将安全移动存储介质外借，或丢失后不及时上报，存在介质被恶意人员获取、破解介质的密码算法、盗取介质存储信息的风险。

6.13.2　措施与建议

对各类安全移动存储介质应明确保管人，并进行妥善保存，禁止外借，避免损坏、丢失。一旦安全移动存储介质丢失应及时向信息管理部门和信息运维部门报告。

未妥善保管安全移动介质违规案例示意图如图 6-13 所示。

图 6-13　未妥善保管安全移动介质违规案例示意图

第7章 通信基本安全要求

本章介绍了通信生产岗位班组人员安全责任及通信专业的基础安全知识。首先介绍了通信运检人员安全责任、通信作业的一般性安全要求，进入现场进行工作的前提条件、不同作业类型需掌握的安全知识技能等。随后从组织措施和技术措施两方面介绍了现场安全管控的一些具体要求，并详细明确工作票的使用场景要求。最后介绍作业现场通信设备、电源、线路、网管的基本要求。

7.1 安全管理基本要求

7.1.1 岗位职责

7.1.1.1 岗位名称：通信运检班班长

落实本专业安全生产目标及安全责任制。参与专业范围内安全风险辨识与分析、预警与管控、安全性评价、隐患排查和治理以及各项安全大检查活动。开展本班组日常安全生产及管理工作。工作清单主要包括如下内容。

（1）主持编制本班组安全目标和保证具体措施，并组织实施。

（2）主持制订本班组各岗位安全责任制，签订安全生产责任书。

（3）负责通信运检班的生产运行、安全、行政管理工作和人员的思想、培训工作，组织全体人员全面、按时、保质地完成各项安全、生产、技术、经济指标。

（4）组织参加地区通信专业安全风险辨识与分析、预警与管控活动，并形成文件资料。

（5）开展进行安全大检查和专项检查等活动。

（6）开展所辖通信站点的隐患排查整治等工作。

（7）执行相关风险预警通知单。

（8）负责有组织完成本班组管理基础工作。

（9）负责所辖通信系统设备的备品备件，编制需求计划。对各种台账、资料、图纸的整理及保管以及班组备品备件管理。

（10）负责业务通道配线信息、光缆纤芯使用信息、通信缆线的信息维护，各类检修工作完成后的资料记录修改，测试资料归档等工作。

（11）负责通信站通信设备、光缆、监控、电源系统故障、缺陷处理和抢修。

（12）审核通信设备、光缆、监控、电源系统检修计划、检修工作的工作方案和技安措施。

（13）审核临时检修、计划检修等涉及通信运行设备检修工作的申请。

（14）组织开展各会场会议电视的开机、调试、值机。

（15）督促严格执行"工作票"制度。

7.1.1.2　岗位名称：通信运检班通信运维检修专业工程师

落实本专业安全生产目标及安全责任制。参与专业范围内安全风险辨识与分析、预警与管控、安全性评价、隐患排查和治理以及各项安全大检查活动。协助开展本班组日常安全生产及管理工作。负责光传输等设备及网管网系统运维。负责通信检修计划、检修票初审。工作清单主要包括如下内容。

（1）协助班长开展编制本班组安全目标和保证具体措施，并组织实施。

（2）协助班长制订本班组各岗位安全责任制，签订安全生产责任书。

（3）协助班长开展通信系统运检班的生产运行、安全、行政管理工作和人员的思想、培训工作，组织全体人员全面、按时、保质地完成各项安全、生产、技术、经济指标。

（4）参加地区通信专业安全风险辨识与分析、预警与管控活动，并形成文件资料。

（5）协助开展进行安全大检查和专项检查等活动。

（6）协助开展通信站点的隐患排查整治等工作。

（7）协助开展执行相关风险预警通知单。

（8）协助班长有组织开展本班组管理基础工作。

（9）协助开展本班组所辖通信系统设备的备品备件，编制需求计划。对各种台账、资料、图纸的整理及保管以及班组备品备件管理。

（10）协助班长开展通信站通信设备系统故障、缺陷处理和抢修。

（11）协助班长审核通信检修计划、检修工作的工作方案和技术安全措施。

（12）协助班长审核临时检修、计划检修等涉及通信设备、光缆、监控、电源系检修工作的申请。

（13）督促严格执行"工作票"制度。

（14）督促落实本专业标准化作业要求。

7.1.1.3　岗位名称：通信运检班通信运维检修工

参与专业范围内安全风险辨识与分析、预警与管控、安全性评价、隐患排查和治理以及各项安全大检查活动。参与本班组日常安全生产工作。负责通信电源、UPS、动环监控系统运维。负责无线 4G 业务接入，配合做好系统建设、运行维护。负责电视电话会议运维。负责行政交换、调度交换系统运维。工作清单主要包括如下内容。

（1）参与制订本班组各岗位安全责任制，签订安全生产责任书。

（2）参与通信系统运检班的生产运行、安全、行政管理工作和人员的思想、培训工作，组织全体人员全面、按时、保质地完成各项安全、生产、技术、经济指标。

（3）参与地区通信专业安全风险辨识与分析、预警与管控活动，并形成文件资料。

（4）参与安全大检查和专项检查等活动。

（5）参与开展通信站点的隐患排查整治等工作。

（6）参与执行相关风险预警通知单。

（7）参与完成业务通道配线信息、光缆纤芯使用信息、通信电缆线对使用信息的维护，各类检修工作完成后的资料记录修改，测试资料归档等工作。光缆、主网、配电网、源网荷 OPGW（地线复合光缆）/ADSS（全介质自承式光缆）/普通光缆的运维资料管理，负责管理各光缆运维单位，负责各类通信光缆迁改、检修工作的现场查勘、方案确定、三措一案审核、线路许可工作。

（8）执行通信站通信设备系统故障、缺陷处理和抢修。

（9）完成通信设备、通信光缆维护资料、通信电源、UPS、动环监控系统维护资料（含电源图、电源台账等）。

（10）重要会议的方案制订、实施、现场保障等工作。

（11）严格执行"工作票"制度。

（12）落实本专业标准化作业要求。

7.1.2　十不干

7.1.2.1　无票的不干

释义：在电气设备上及相关场所的工作，正确填用工作票、操作票是保证安全的基本组织措施。无票作业容易造成安全责任不明确，保证安全的技术措施不完善，组织措施不落实等问题，进而造成管理失控发生事故。倒闸操作应有调控值班人员、运维负责人正式发布的指令，并使用经事先审核合格的操作票。在电气设备上工作，应填用工作票或事故紧急抢修单，并严格履行签发许可等手续，不同的工作内容应填写对应的工作票。动火工作必须按要求办理动火工作票，并严格履行签发、许可等手续。

7.1.2.2　工作任务、危险点不清楚的不干

释义：在电气设备上的工作（操作），做到工作任务明确、作业危险点清楚，是保证作业安全的前提。工作任务、危险点不清楚，会造成不能正确履行安全职责、盲目作业、风险控制不足等问题。倒闸操作前，操作人员（包括监护人）应了解操作目的和操作顺序，对操作指令有疑问时应向发令人询问清楚无误后执行。持工作票工作前工作负责人、专责监护人必须清楚工作内容、监护范围、人员分工、带电部位、安全措施和技术措施，清楚危险点及安全防范措施，并

对工作班成员进行告知交底。工作班成员工作前要认真听取工作负责人、专责监护人交代，熟悉工作内容、工作流程，掌握安全措施，明确工作中的危险点，履行确认手续后方可开始工作。检修、抢修、试验等工作开始前，工作负责人应向全体作业人员详细交代安全注意事项，交代邻近带电部位，指明工作过程中的带电情况，做好安全措施。

7.1.2.3 危险点控制措施未落实的不干

释义：采取全面有效的危险点控制措施，是现场作业安全的根本保障，分析出的危险点及预控措施也是"两票""三措"等中的关键内容，在工作前向全体作业人员告知，能有效防范可预见性的安全风险。运维人员应根据工作任务、设备状况及电网运行方式，分析倒闸操作过程中的危险点并制订防控措施，操作过程中应再次确认落实到位。工作负责人在工作许可手续完成后，组织作业人员统一进入作业现场，进行危险点及安全防范措施告知，全体作业人员签字确认。全体人员在作业过程中，应熟知各方面存在的危险因素，随时检查危险点控制措施是否完备、是否符合现场实际，危险点控制措施未落实到位或完备性遭到破坏的，要立即停止作业，按规定补充完善后再恢复作业。

7.1.2.4 超出作业范围未经审批的不干

释义：在作业范围内工作，是保障人员、设备安全的基本要求。擅自扩大工作范围、增加或变更工作任务，将使作业人员脱离原有安全措施保护范围，极易引发人身触电等安全事故。增加工作任务时，如不涉及停电范围及安全措施的变化，现有条件可以保证作业安全，经工作票签发人和工作许可人同意后，可以使用原工作票，但应在工作票上注明增加的工作项目，并告知作业人员。如果增加工作任务时涉及变更或增设安全措施时，应先办理工作票终结手续，然后重新办理新的工作票，履行签发、许可手续后，方可继续工作。

7.1.2.5 未在接地保护范围内的不干

释义：在电气设备上工作，接地能够有效防范检修设备或线路突然来电等情况。未在接地保护范围内作业，如果检修设备突然来电或临近高压带电设备存在感应电，容易造成人身触电事故。检修设备停电后，作业人员必须在接地保护范围内工作。禁止作业人员擅自移动或拆除接地线。高压回路上的工作，必须要拆除全部或一部分接地线后始能进行工作应征得运维人员的许可（根据调控人员指令装设的接地线，应征得调控人员的许可），方可进行，工作完毕后立即恢复。

7.1.2.6 现场安全措施布置不到位、安全工器具不合格的不干

释义：悬挂标示牌和装设遮拦（围栏）是保证安全的技术措施之一。标示牌具有警示、提醒作用，不悬挂标示牌或悬挂错误存在误拉合设备，误登、误碰带电设备的风险。围栏具有阻隔、截断的作用，如未在工作地点四周装设至出入口的围栏、未在带电设备四周装设全封闭围栏或围栏装设错误，存在误入带电间隔，将带电体视为停电设备的风险。安全工器具能够有效防止触电、灼伤、坠落、摔跌等，保障工作人员人身安全。合格的安全工器具是保障现场作业安全的必备条件，使用前应认真检查无缺陷，确认试验合格并在试验期内，拒绝使用不合格的安全工器具。

7.1.2.7 杆塔根部、基础和拉线不牢固的不干

释义：近年来，电力企业系统多次发生因倒塔导致的人身伤亡事故，教训极为深刻。确保杆塔稳定性，对于防范杆塔倾倒造成作业人员坠落伤亡事故十分关键。作业人员在攀登杆塔作业前，应检查杆根、基础和拉线是否牢固，铁塔塔材是否缺少，螺栓是否齐全、匹配和紧固。铁塔组立后，地脚螺栓应随即加垫板并拧紧螺母及打毛丝扣。新立的杆塔应注意检查杆塔基础，若杆基未完全牢固，回填土或混凝土强度未达标准或未做好临时拉线前，不能攀登。

7.1.2.8 高处作业防坠落措施不完善的不干

释义：高坠是高处作业最大的安全风险，防高处坠落措施能有效保证高处作业人员人身安全。高处作业均应先搭设脚手架、使用高空作业车、升降平台或采取其他防止坠落措施，方可进行。在没有脚手架或者在没有栏杆的脚手架上工作，高度超过1.5m时，应使用安全带，或采取其他可靠的安全措施。在高处作业过程中，要随时检查安全带是否拴牢。高处作业人员在转移作业地点

过程中，不得失去安全保护。

7.1.2.9 有限空间内气体含量未经检测或检测不合格的不干

释义：有限空间进出口狭小，自然通风不良，易造成有毒有害、易燃易爆物质聚集或含氧量不足，在未进行气体检测或检测不合格的情况下贸然进入，可能造成作业人员中毒、有限空间燃爆事故。电缆井、电缆隧道、深度超过 2m 的基坑、沟（槽）内等工作环境比较复杂，同时又是一个相对密闭的空间，容易聚集易燃易爆及有毒气体。在上述空间内作业，为避免中毒及氧气不足，应排除浊气，经气体检测合格后方可工作。

7.1.2.10 工作负责人（专责监护人）不在现场的不干

释义：工作监护是安全组织措施的最基本要求，工作负责人是执行工作任务的组织指挥者和安全负责人，工作负责人、专责监护人应始终在现场认真监护，及时纠正不安全行为。作业过程中工作负责人、专责监护人应始终在工作现场认真监护。专责监护人临时离开时，应通知被监护人员停止工作或离开工作现场，专责监护人必须长时间离开工作现场时，应变更专责监护人。工作期间工作负责人若因故暂时离开工作现场时，应指定能胜任的人员临时代替，并告知工作班成员。工作负责人必须长时间离开工作现场时，应变更工作负责人，并告知全体作业人员及工作许可人。

7.2 一般安全要求

7.2.1 在电力通信设备上工作

（1）安装电力通信设备前，宜对机房作业现场基本条件、电力通信电源负载能力等是否符合安全要求进行现场勘察。

（2）设备通电前，应验证供电线缆极性和输入电压。

（3）拔插设备板卡时，应做好防静电措施。存放设备板卡宜采用防静电屏蔽袋、防静电吸塑盒等防静电包装。

（4）电力通信设备除尘应使用合格的工器具和材料。

（5）在对使用光放大器的光传送段进行检修前，应关闭放大器发光。

（6）在断开微波、卫星、无线专网等无线设备的天线与馈线的连接前，应关闭发射单元。

（7）在更换存储有运行数据的板件时，应先备份运行数据。

（8）业务通道投退时，应及时更新业务标识标签和相关资料。

（9）使用尾纤自环光口，发光功率过大时，应串入合适的衰耗（减）器。

（10）应急电力通信车调试、使用前应良好接地，并确认车辆底盘固定良好。

（11）测量电力通信信号，应在仪表量程范围内进行。

7.2.2　在电力通信线路上工作

（1）敷设电力通信光缆前，宜对光缆路由走向、敷设位置、接续点环境、配套金具等是否符合安全要求进行现场勘察。

（2）展放光缆的牵引力不得超过光缆的承受标准。

（3）在竖井、桥架、沟道、管道、隧道内敷设光缆时，应有防止光缆损伤的防护措施。

（4）光缆接续前，应核对两端纤序。

（5）严禁踩踏光缆接头盒、余缆及余缆架。严禁在光缆上堆放重物。

（6）使用光时域反射仪（OTDR）进行光缆纤芯测试时，应先断开被测纤芯对端的电力通信设备和仪表。

（7）普通架空光缆吊线应良好接地。

（8）进行电力通信光缆接续工作时，工作场所周围应装设遮栏（围栏、围网）、标示牌，必要时派人看管。因工作需要必须短时移动或拆除遮栏（围栏、围网）、标示牌时，应征得工作负责人同意，完毕后应立即恢复。

7.2.3　在电力通信网管上工作

（1）电力通信网管的账号、权限应按需分配，不得使用开发或测试环境设置的账号。

（2）电力通信网管检修工作开始前，应对可能受到影响的配置数据、应用数据等进行备份。

（3）电力通信网管切换试验前，应做好数据同步。

（4）检修过程中发生数据异常或丢失，应进行恢复操作，并确认恢复操作后电力通信网管系统运行正常。

（5）检修工作结束前，若已备份的数据发生变化，应重新备份。

（6）电力通信网管维护工作不得通过互联网等公共网络实施。禁止从任何公共网络直接接入电力通信网管系统。

（7）电力通信网管系统退出运行后所有业务数据应妥善保存或销毁。

（8）电力通信网管的数据备份应使用专用的外接存储设备。

7.2.4 在电力通信电源上工作

（1）新增负载前，应核查电源负载能力，并确保各级开关设备容量匹配。

（2）拆接负载电缆前，应断开电源的输出开关。

（3）直流电缆接线前，应校验线缆两端极性。

（4）裸露电缆线头应做绝缘处理。

7.2.5 高频开关电源和不间断电源上工作

（1）电源设备断电检修前，应确认负载已转移或关闭。

（2）双路交流输入切换试验前，应验证两路交流输入、蓄电池组和连接蓄电池组的直流接触器正常工作，并做好试验过程监视。

（3）配置旁路检修开关的不间断电源设备检修时，应严格执行停机及断电顺序。

（4）未经批准不得修改运行中电源设备运行参数。

7.2.6 蓄电池上工作

（1）直流开关或熔断器未断开前，不得断开蓄电池之间的连接。

（2）安装或拆除蓄电池连接铜排或线缆时，应使用经绝缘处理的工器具，严禁将蓄电池正负极短接。

（3）蓄电池组接入电源时，应检查电池极性，并确认蓄电池组电压与整流器输出电压匹配。

7.3 保证安全的组织措施

7.3.1 工作票制度

（1）在电力通信系统上工作，应按下列方式进行。

1）填用电力通信工作票。

电力通信工作票格式见附录 C，也可使用其他名称和格式，但应包含工作负责人、工作班人员、工作场所、工作内容、计划工作时间、安全措施、工作票签发手续、工作许可手续、现场交底签名、工作票延期手续、工作终结手续等工作票主要要素。

2）使用其他书面记录或按口头、电话命令执行。

（2）填用电力通信工作票的工作如下。

1）电力通信站的传输设备、调度交换设备、行政交换设备、通信路由器、通信电源、会议电视 MCU、频率同步设备的检修工作。

2）电力通信站内独立电力通信光缆的检修工作。

3）电力通信站通信网管升级、主（互）备切换的检修工作。

4）变电站、发电厂等场所的通信传输设备、通信路由器、通信电源、站内通信光缆的检修工作。

5）不随一次电力线路敷（架）设的骨干通信光缆检修工作。

（3）不需填用电力通信工作票的通信工作，应使用其他书面记录或按口头、电话命令执行。

1）书面记录指工作记录、巡视记录等。

2）按口头、电话命令执行的工作应留有录音或书面记录。

（4）电力通信工作票的填写与签发。

1）电力通信工作票由工作负责人填写，也可由工作票签发人填写。

2）电力通信工作票应使用统一的票面格式，采用计算机生成、打印或手工方式填写，至少一式两份。采用手工填写时，应使用黑色或蓝色的钢（水）笔或圆珠笔填写与签发。工作票编号应连续。

3）电力通信工作票由工作票签发人审核，电子或手工签名后方可执行。

4）使用电力通信工作票时，一份应保存在工作地点，由工作负责人收执，另一份由工作许可人收执。

5）一张电力通信工作票中，工作许可人与工作负责人不得互相兼任。

6）电力通信工作票由电力通信运维单位（部门）签发，也可由经电力通信运维单位（部门）审核批准的检修单位签发。

（5）电力通信工作票的使用。

1）一个工作负责人不能同时执行多张电力通信工作票。

2）在变（配）电站、发电厂、电力线路之外的其他场所开展电力通信工作时，在安全措施可靠、不会误碰其他运行设备和线路的情况下，经工作票签发人同意可以单人工作。

3）需要变更工作班成员时，应经工作负责人同意，在对新的作业人员履行安全交底手续后，方可参与工作。工作负责人一般不得变更，如确需变更的，应由原工作票签发人同意并通知工作许可人。原工作负责人、现工作负责人应对工作任务和安全措施进行交接，并告知全体工作班成员。人员变动情况应记录在电力通信工作票备注栏中。

4）在电力通信工作票的安全措施范围内增加工作任务时，在确定不影响系统运行方式和业务运行的情况下，应由工作负责人征得工作票签发人和工作许可人同意，并在电力通信工作票上增加工作任务。若需变更或增设安全措施者，应办理新的电力通信工作票。

5）工作负责人或工作票签发人在系统中填票时，在"注意事项（安全措施）"栏内分别填写电气部分和电力通信部分安全措施。

6）电力通信工作票有污损不能继续使用时，应办理新的电力通信工作票。

7）在应填用电力通信工作票的范围内进行通信故障紧急抢修时，填用电力通信工作票，电力通信工作票可不经书面签发，但应经工作票签发人同意，并在工作票备注栏中记录。

8）已执行的电力通信工作票至少应保存一年。

（6）电力通信工作票的有效期与延期。

1）电力通信工作票的有效期，以批准的检修时间为限。

2）办理电力通信工作票延期手续，应在电力通信工作票的有效期内，由工作负责人向工作许可人提出申请，得到同意后给予办理。

（7）电力通信工作票所列人员的基本条件。

1）工作票签发人应由熟悉作业人员技术水平、熟悉相关电力通信系统情况、熟悉基本安全要求，并具有相关工作经验的领导人员、技术人员或经电力通信运维单位批准的人员担任，名单应公布。检修单位的工作票签发人名单应事先送有关电力通信运维单位备案。进入变电站等电气场所开展电力通信作业的工作票签发人必须具备相应的电气工作票签发资质，并经安监部发文备案。外包单位人员担任签发人的工作票必须由项目管理单位工作票签发人会签。

2）工作负责人应由有本专业工作经验，熟悉工作范围内电力通信系统情况、熟悉基本安全要求、熟悉工作班成员工作能力，并经电力通信运维部门批准的人员担任，名单应公布。检修单位的工作负责人名单应事先送有关电力通信运维部门备案。在变电站等电气场所内开展通信光路调整、负载接电方式变更、通信设备板卡插拔、蓄电池充放电等改变通信系统现有运行方式的工作必须由本部信通分电力企业或者县电力企业信通运维班指派具有工作负责人资质的主业人员持票开展现场工作。在变电站等电气场所内开展不改变通信系统现有运行方式的工作可由施工单位指派具有工作负责人资质的外包人员持票开展现场工作。

3）工作许可人应由有一定工作经验、熟悉工作范围内电力通信系统情况、熟悉基本安全要求，并经电力通信运维部门批准的人员担任，名单应公布。

（8）电力通信工作票所列人员的安全责任。

1）工作票签发人。

a．确认工作必要性和安全性。

b．确认电力通信工作票上所填安全措施是否正确完备。

c．确认所派工作负责人和工作班人员是否适当、充足。

2）工作负责人。

a. 正确组织工作。

b. 检查电力通信工作票所列安全措施是否正确完备，是否符合现场实际条件，必要时予以补充完善。

c. 工作前，对工作班成员进行工作任务、安全措施和风险点告知，并确认每个工作班成员都已清楚并签名。

d. 组织执行电力通信工作票所列由其负责的安全措施。

e. 监督工作班成员遵守基本安全要求，执行现场安全措施，正确使用工器具、仪器仪表等。

f. 关注工作班成员身体状况和精神状态是否正常，人员变动是否合适。

g. 在作业人员可能误停其他设备或误断其他业务的工作环节，应执行监护工作。

3）工作许可人。

a. 负责审查电力通信工作票所列安全措施是否正确、完备，确认工作具备条件。对电力通信工作票所列内容产生疑问时，应向工作票签发人询问清楚，必要时予以补充。

b. 确认工作票所列的安全措施已实施。

4）工作班成员。

a. 熟悉工作内容、工作流程，清楚工作中的风险点和安全措施，并在电力通信工作票上签名确认。

b. 服从工作负责人的指挥，严格遵守基本安全要求和劳动纪律，在确定的作业范围内工作，对自己在工作中的行为负责，互相关心工作安全。

c. 正确使用工器具、仪器仪表等。

7.3.2　工作许可制度

（1）工作许可人应在电力通信工作票所列的安全措施全部完成后，方可发出许可工作的命令。

（2）检修工作需其他调度机构或运行单位配合布置安全措施时，工作许可人应向该调度机构或运行单位的值班人员确认相关安全措施已完成后，方可许可工作。

（3）许可开始工作的命令应通知工作负责人。其方法可采用：

1）当面许可。工作许可人和工作负责人应在电力通信工作票上记录许可时间，并分别签名。

2）电话许可。工作许可人和工作负责人应分别在电力通信工作票上记录许可时间和双方姓名，复诵核对无误。采取电话许可的工作票，工作所需安全措施可由工作人员自行布置，安全措施布置完成后应汇报工作许可人。

（4）填用电力通信工作票的工作，工作负责人应得到工作许可人的许可，并确认电力通信工作票所列的安全措施全部完成后，方可开始工作。许可手续（工作许可人姓名、许可方式、许可时间等）应记录在电力通信工作票上。

（5）禁止约时开始或终结工作。

（6）在变电站等电气场所内电力通信设备上工作，须实行工作票"双许可"。开工前，宜先完成电力通信部分工作许可，再完成电气部分工作许可。

（7）电力通信工作许可可执行当面许可或电话许可两种方式，相关内容以手写方式填入"备注"栏中，具体格式为"工作许可人：×××　许可工作时间：20××年××月××日××时××分　许可方式：当面（电话）许可"。

（8）如电力通信工作许可人有补充安全措施，应填入"补充安全措施（工作许可人填写）"栏中，如没有补充安全措施须在该位置明确填写"无"（如"补充安全措施"栏中已无空白位置，补充安全措施填入"备注"栏内）。

（9）如当面许可，以上许可记录由工作许可人填写。如电话许可，此部分由工作负责人填写，工作许可人和工作负责人应保存电话录音或其他有效的佐证资料（至少一个月）。

（10）电气专业工作许可人和电力通信专业工作许可人分别对各自许可的电气部分和电力通信部分工作内容及安全措施负责。

7.3.3　工作终结制度

（1）工作结束。全部工作完毕后，工作人员应删除工作过程中产生的临时数据、临时账号等内容，确认电力通信系统运行正常，清扫、整理现场，全体工作人员撤离工作地点。

（2）电力通信工作票终结。工作结束后，工作负责人应向工作许可人交代工作内容、发现的问题和存在问题等。并与工作许可人进行运行方式检查、状态确认和功能检查，各项检查均正常方可办理工作终结手续。在变电站等电气场所内电力通信设备上工作，须实行工作票"双终结"。工作结束后，宜先向电力通信工作许可人汇报电力通信部分工作终结，再进行电气部分工作终结。

（3）工作终结报告应按以下方式进行。

1）当面报告。工作许可人和工作负责人应在电力通信工作票上记录终结时间，并分别签名。

2）电话报告。工作许可人和工作负责人应分别记录终结时间和双方姓名，并复诵核对无误。

3）电力通信工作终结执行当面报告和电话报告两种方式时，相关内容以手写方式填入"备注"栏中，具体格式为"工作许可人：×××　工作终结报告时间：20××年××月××日××时××分　工作终结报告方式：当面（电话）报告"。

4）如当面报告，以上终结记录由工作许可人填写。如电话报告，此部分由工作负责人填写，工作许可人和工作负责人应保存电话录音或其他有效的佐证资料（至少一个月）。

5）需其他调度机构或运行单位配合布置安全措施的工作，工作许可人应与配合检修的调度机构或运行单位值班人员确认后，方可办理电力通信工作票终结。

7.4　保证安全的技术措施

7.4.1　电力通信系统的安全保证措施

在电力通信系统上工作时，保证安全的技术措施有授权和验证两种。

7.4.2 授权

（1）工作前，应对网管系统操作人员进行身份鉴别和授权。

（2）授权应基于权限最小化和权限分离的原则。

7.4.3 验证

（1）检修前，应确认与检修对象相关系统运行正常。

（2）检修前，应确认与检修对象具有主备（冗余）关系的另一系统、通道、电源、板卡等运行正常。

（3）检修前，应确认需转移的业务已完成转移。与检修对象关联的检修工作已完成。

（4）检修前，应确认需停用的业务已经过相关业务部门的同意。

（5）检修前，应确认电力通信网运行中无其他影响本次检修的异常情况。

7.5 电力通信系统运行

（1）巡视时不得改变电力通信系统或机房动力环境设备的运行状态。发现异常问题，应及时报告电力通信运维单位（部门），非紧急情况的异常问题处理，应获得电力通信运维单位（部门）批准。

（2）巡视时未经批准，不得更改、清除电力通信系统或机房动力环境告警信息。

（3）电力通信网管巡视时应采用具有网管维护员级别的账号登录，不应采用系统管理员级别或系统业务配置人员级别的账号登录。

（4）巡视机房时应随手关门。

第8章　电力通信检修安全管控标准化

电力通信检修安全规范要求细杂，考虑本书主要偏向安全规范、技能培训，本书中提到的电力通信检修、巡视作业仅给介绍基本、通用的要求，主要归纳为通信线路、通信设备、通信电源检修作业要求。

8.1　通信检修安全管控要求

通信现场检修管理主要包括检修计划管理、检修流程管理、检修申请票管理、紧急检修管理、检修现场管理。

8.1.1　术语和定义

（1）电力通信业务为电网调度、生产运行和经营管理提供数据、语音、图像等服务的通信业务。

（2）电网调度通信业务电网通信业务中为电网调度继电保护及安全自动装置、自动化系统和指挥提供数据、语音、图像等服务的通信业务。

（3）电力通信设施为承载电力通信业务的通信设备和通信线路，简称为通信设施。主要包括但不限于：传输设备、交换设备、接入设备、数据网络设备、无线专网设备、电视电话会议设备、机动应急通信设备、时钟同步设备、通信电源设备、通信网管设备、通信光缆电缆和配线架等。

（4）计划检修为检查、试验、维护、检修电力通信设施，电力通信机构根据国家及行业有关标准，参照设施技术参数、运行经验及供应商的建议，列入计划安排的检修。

（5）临时检修计划检修以外需适时安排的检修工作。

（6）紧急检修为计划检修以外需立即处理的检修工作。

（7）通信检修申请票为计划检修和临时检修的工作申请、审批单。

（8）大型检修作业为通信检修作业中，作业过程复杂，关键环节多，对通信网络影响范围大且安全风险高的作业。

8.1.2　通信检修计划管理

（1）通信检修计划分为年度计划和月度计划，按照"统一管理，分级负责"的原则开展填报和审核（批）工作，主要包括任务下发、计划填报、审核审批、统一平衡、统一下达五个环节。

（2）对运行中的电力通信设施及通信业务开展以下检修工作时应办理通信检修计划。

1）影响通信业务通道正常运行、改变通信设施的运行状态或引起通信设备故障告警的检修工作。

2）一次系统影响光缆、载波、电源等通信设施正常运行的检修、基建和技改等工作。

3）未经通信调度批准，任何单位和个人不得对运行中的通信设施（含光缆、电缆线路）进行检修操作。

（3）各检修单位应根据所辖一次设备检修中，以及基建、迁改、技改等工程中涉及影响通信网的工作，与通信专业管理部门会商，将相关通信检修工作纳入年度通信检修计划。

（4）通信专业管理部门应根据所辖的通信网运行状况，以及基建、迁改、技改等工程，制订年度通信检修计划。

（5）各检修单位应根据通信专业管理部门发布的年度通信检修计划和基建、技改工程实际，与本级通信专业管理部门会商，编制月度通信检修计划。对大型检修作业还应同时提报"三措一案"和检修技术方案，其他级别的检修提报"三措一案"。报送时间应满足省电力企业、市电力企业要求。

（6）各检修单位应在检修计划提报后的1周内组织信通、设计、施工等相关人员进行通信检修协调会,对检修方案、检修时间、对通信网运行方式影响、电网一次业务影响范围、业务迁回方案进行讨论,并在通信检修协调会后1周内组织相关人员进行现场查勘,填写查勘记录,重点查勘施工过程中可能对通信网运行方式、光缆造成的风险并核实影响业务范围。对于可能引起业务中断的工作,应做好运行风险预警以及业务迁回工作。

(7)通信专业管理部门应根据批准后的通信年度检修计划、当前通信设备、光缆运行状况及基建、技改工程实际,编制月度通信检修计划,并汇总电力企业各部门报送的月度通信检修计划。

(8)为确保生产有序,通信检修计划一经确定,原则上不得随意更改。如确需更改,应提前与本级通信专业管理部门会商,完成变更手续。

(9)临时检修和紧急检修无需填报检修计划。临时检修须填写通信检修申请票。紧急检修可先向有关通信调度口头申请,后补相关手续。

8.1.3 通信检修申请

(1)通信检修申请票是通信检修执行的依据,检修发起单位必须及时办理通信检修申请票并得到批复后,方可执行。

(2)通信检修申请按照"谁工作,谁发起、规范填写、逐级审核(批)"的原则填报和审核(批)。

(3)检修发起单位应及时向通信专业管理部门提交通信检修申请单,市信通电力企业根据此申请单,关联相应的月度检修计划,在相应系统中填报检修申请。

(4)重要业务通道应提前组织迁回,迁回要求应满足各部门相关要求。

(5)对于引起一次线路保护业务中断的检修工作,应提前发起另一个检修流程,申请线路停电或保护业务通道组织迁回或调整保护业务通道。

(6)当通信检修影响调度电话、自动化、保护等业务时,应将通信检修申请票提交相关专业会签。

8.1.4 通信检修开工与竣工

(1)按照"逐级申请、逐级审批"的原则申请开竣工。严格禁止在未得到受影响业务部门和通信调度许可的情况下擅自开竣工。

（2）变电站内进行的通信检修工作，检修单位应至少提前一个工作日通知变电运维单位相关检修内容，检修当日填写现场工作票（变电站第二种工作票）并办理现场开工手续。独立通信站或中心机房进行的通信检修工作，检修单位应填写通信工作票。

（3）若检修工作需同时办理通信检修申请和一次检修申请，检修单位应获得通信调度和一次调度双重许可后方可开工。

（4）开工许可流程如下。

1）检修申请单位应在确认具备开工条件后，以录音电话方式向本级通信调度申请开工。

2）通信调度应与检修发起单位沟通，并录音，确认受影响的继电保护、安全稳定装置（或通道）、通信业务同意中断等。确认后向通信调度申请开工。

（5）针对影响重要通信业务的检修，通信专业人员需到工作现场把控，向运行人员核实确认影响业务是否迂回、退出、保障措施已落实，方可许可工作。

（6）竣工流程如下。

1）检修施工单位确认具备竣工条件后，以录音电话方式向通信调度申请竣工。

2）通信调度应与检修发起单位电话沟通，并录音，确认检修所涉及通信业务恢复正常、受影响的继电保护、安全稳定装置（或通道）业务恢复正常、有关用户的业务恢复正常等。

3）针对上级业务，本级通信调度逐级向上级相关通信调度申请许可竣工。在得到上级通信调度许可后，本级通信调度方可许可竣工。

8.1.5　通信检修延期与改期

（1）影响多级通信检修延期与改期，需相应等级通信调度许可，按照"逐级申请、逐级审批"的原则申请和下达。

（2）检修因故未能按时开工，检修申请单位应在批复开工时间前24h向通信调度提出延期申请。

1）影响电力通信业务的开工延期时间一般不超过 12h。

2）影响电力调度通信业务的开工延期时间一般不超过 8h。

3）因通信自身原因开工时间延期超过本规范要求，检修申请自行废止，检修工作另行申请。

（3）检修因故未能按时竣工，检修申请单位应在批复竣工时间前 1h 向通信调度提出延期申请。

1）不影响电力通信业务的竣工延期时间一般不超过 8h。

2）影响电力通信业务的竣工延期时间一般不超过 6h。

3）影响电力调度通信业务的竣工延期时间一般不超过 4h。

4）因通信自身原因竣工时间延期超过本规范要求，应在规定竣工时间前完成通信检修部分单项内容，同时做好相应的安全防护措施，确保通信设备安全可靠运行，其他工作另行申请。

（4）同一检修申请只能延期一次。涉及一次调度许可的检修申请延期，应同时获得相应调度的许可。检修因故需改期的，要求如下。

1）因非通信自身原因改期 3 天以内的原则上同意继续工作，由检修申请单位向通信调度提出申请，并逐级上报。

2）因通信自身原因改期，或因非通信自身原因造成改期超过 3 天的，原则上不同意继续工作，由检修申请单位重新提报检修申请。

8.1.6　通信紧急检修

（1）通信紧急检修遵循"先生产业务，后其他业务。先上级业务，后下级业务。先抢通，后修复"的原则，属地运维单位负责现场处置的分工开展。

（2）通信紧急检修可先向相应通信调度口头申请，结束后补填通信缺陷单等相关手续。

8.1.7　现场管理

（1）检修单位应对检修作业过程危险点、关键环节以及关键流程有效控制。

（2）通信运维单位应对各类通信检修工作及检修运行方式进行运行风险评估，并实施相应预控措施。

（3）检修施工单位应按照批复的检修对象、范围、开竣工时间实施检修。检修现场工作人员应熟悉作业指导书（卡）、三措一案，作业成员应掌握作业内容、设备运行状态、工作环境、危险预控措施、检修应急预案等内容，并执行现场组织、安全、技术措施，注重现场安全。

（4）通信现场大型检修作业（指作业过程复杂、关键环节多、对通信网络影响范围大且安全风险高的作业，如光缆迁改、单方向光通道中断影响其他站点通道、通信电源切改、通信设备迁改、设备软件升级涉及业务中断等），应编制"三措一案"。

1）"三措一案"的内容包括：组织措施、技术措施、安全措施、施工方案。

2）"三措一案"应由检修发起单位或承担本作业任务的单位或主要作业部门编写、盖章，并作为通信检修申请单的附件报送通信专业管理部门审批。

（5）通信检修施工过程中，如发现检修影响其他电网通信业务或一次系统运行的，检修施工单位应暂停或终止检修，并立即向市通信调度上报。经协调、会商后，通信检修工作可按延期或改期处理。

（6）当一次调度或所在生产区域一次系统因安全需要临时终止或暂缓通信检修时，通信调度及通信运维单位、检修施工单位应予以服从，相关检修工作可按延期或改期处理。

8.2 通信设备检修安全管控标准化作业

8.2.1 作业准备工作

（1）依据设备故障信息、故障现象，准确判断本次设备可能的故障原因，确定本次检修是否是大型检修作业，大型作业应编写作业指导书和"三措一案"，小型作业编写作业指导卡。

（2）确定本次检修是否需要通信操作票，符合使用通信操作票的环节，操作人员编写通信操作票。

（3）准备检修必需的材料、备品备件。

（4）组织工作班成员学习作业指导书（卡）、三措一案，作业成员应熟悉作业内容、进度要求，以及安全注意事项。

（5）根据检修时通信网架结构，进行事故预想，防止检修时故障扩大。

（6）根据电网需要和通信系统现状，必要时实施业务转移。

（7）现场作业人员应熟练掌握设备运行状况、基本参数、主要运行指标。

（8）检查仪器仪表完好，电池充足，工器具完备。

（9）根据现场工作时间和工作内容办理相关工作手续。

8.2.2　现场作业资源配置

（1）人员组织：大型作业工作成员不少于 3 人，小型作业工作成员不少于 2 人，其中至少 1 人具备工作负责人资格。

（2）工器具和材料：根据工作需要，选择携带光时域反射仪、光纤熔接机、光源、可见光源、光功率计、光纤在线识别仪、万用表、光衰耗器、频率计、微波功率计、频谱仪、误码测试仪、微波综合分析仪、中频测试仪、尾纤、安全帽、安全带、急救药箱、应急灯等、组合工具、移动电源线盘、望远镜等。

8.2.3　危险点分析与预控措施

（1）误操作、误接线。

1）在操作前必须详细核对设备图纸资料，确保正确无误。

2）拆接线前认真核对，做好记录。

（2）误碰设备，导致设备或通道中断。

1）清扫设备时，使用绝缘清扫工具。

2）谨慎操作，加强监护。

（3）操作不规范，损坏板件。

1）正确佩戴防静电手腕。

2）严禁带电插拔电源板。

3）勿带连接线插拔板件。

4）插拔单板用力适度平稳，勿强行拔插，造成插针折弯，引起短路。

5）更换下的电路板应放入防静电薄膜内。

6）关闭、重启电源操作时保持一定间隔时间。

（4）业务电路转移遗漏。

作业前，核对业务是否全部转移完成。

（5）仪表损坏。

1）使用仪表时应摆放平稳，注意防潮、防尘、防有害源。

2）对需要接地的仪表应要接地。

（6）光接口测试，操作不当造成人身伤害、损坏器件、通信中断。

1）避免光端口直接照射眼睛。

2）拔 SC 接头尾纤时，用拔纤器夹住接头的塑胶断面，适度用力将接头拔出。

3）不同光方向应逐一进行测试恢复，勿使线路两个光方向同时断开。

4）用尾纤直接进行光口自环时，必要时应在收发光口间加装衰减器，防止接收光功率过载。

（7）测量微波射频发信功率时，操作不当，损坏微波设备。

1）测量开始前，应先关掉微波发信机的电源，然后打开微波机射频出口，把仪表接入微波机，仪表应选用合适的功率探头，并加接适当的衰耗器。

2）开启微波发信机电源，从仪表上读取测量数据。

3）再次关掉微波发信机电源，断开仪表与微波机的连接，恢复微波发信机的原有连接。

4）开启微波发信机电源，观察微波设备运行正常。

（8）板件受潮，光口受污染。

1）当单板从一个温度较低、较干燥的地方拿到温度较高、较潮湿的地方时，至少需要等 30min 以后才能拆封。

2）未用的光口应用防尘帽套住。日常维护工作中使用的尾纤在不用时，尾纤接头也要戴上防尘帽。

（9）人身触电。

1）场区检修结合设备时应使用符合电压等级的绝缘拉杆拉合结合滤波器接地开关。

2）使用绝缘电阻表测量高频电缆绝缘电阻时，作业人员应做好防护措施，不得误碰导线裸露部分。

（10）高空坠落造成人身伤害。

1）登塔作业人员应使用安全带、安全帽和其他登高工具。

2）雷雨时严禁在塔上工作。

（11）操作不当，造成天馈线损坏。

1）工作人员不得踩踏馈线，以免造成馈线折断、变形。

2）不得误碰天线振子造成振子损伤。

（12）微波伤人，在微波天馈线上工作应按照规定穿戴防护用品，防止微波对人体伤害。

8.2.4　作业规范

（1）设备的通电顺序，先机柜通电，再风扇通电，最后子架通电，观察各单板指示灯是否正常。

（2）设备断电的顺序，先子架断电，再风扇断电，最后关闭电源总开关。

（3）在进行电源线的安装、拆除操作之前，必须关掉电源开关。

（4）光接口测试时，小心操作尾纤及光连接器，勿折扭尾纤。保持光连接器清洁。勿近距离直视光口，防止激光灼伤眼睛。

（5）光接口板上未用的光口应用防尘帽盖住，避免灰尘进入光口，影响输出光功率或者接收灵敏度。

（6）在对端未断开与在用光纤连接的单板前，禁止使用 OTDR 测试在用光纤。

（7）使用光功率计测试光放大器输出信号时，先确认光放大器的输出信号范围，在使用合适衰耗器降低测试信号，确认在光功率计测试范围内后，方可测试。

（8）插拔光线路板时，应先拔掉光板上的光纤，再拔光板，不要带纤插拔板件。

（9）插拔单板应佩戴防静电手套或防静电手腕带，拔下的单板装入防静电屏蔽袋，正确操作。

（10）更换故障单板，应仔细核对单板型号、拨码开关位置，使用不同型号单板代替时，需参考设备手册，确认可以代替后，方可更换。

（11）单板插拔时，需正确导向，保证单板上的插头与背板上插座紧密吻合，禁止采用非正常手段插拔单板，防止插针弯曲、插座损坏等事故的发生。

（12）更换主控单板前，要提前先将设备数据全部上载并查看原设备主控板的拨码位置，并将新的主控板的拨码拨成一样，更换后再全部下载数据，确认主控板正常运行。

（13）进行板盘保护倒换试验，倒换前应确认运行正常。倒换后应再次确认，如不正常应立即恢复原状态。

（14）通道保护倒换试验前，应确认两个波道或者光方向都处于正常工作状态。

（15）对光传输系统进行操作时，应保证光接头（活动连接器）的清洁。应使用专用的器材，按正确的操作方法进行清洁操作。

（16）在对使用拉曼放大器的光传送段进行操作时，应注意在线路断开连接前关闭拉曼放大器的发光，以避免输出光功率过高，损坏系统。

（17）恢复运行时，设备内无任何遗留物，所有接线、开关、按键全部恢复至正常工作状态，确认相关业务正常。

8.2.5　作业终结的要求

（1）检验故障或缺陷等恢复情况，确认恢复良好。

（2）清理施工现场，清点工器具、回收材料。

（3）做好现场检修、测试等记录。

（4）办理工作票终结手续。

（5）整理检修资料，修改运行资料，保证资料与实际运行状况一致。

8.3　通信光缆检修安全管控标准化作业

8.3.1　作业准备工作

（1）查看现场，分析光缆缺陷、故障等情况，掌握作业项目和内容，并确定是大型作业还是小型作业，大型作业应编写作业指导书和"三措一案"，小型作业编写作业指导卡。

（2）依据检修内容，安排足够的检修人员，准备施工材料、工器具和仪器仪表等。

（3）检查仪器仪表、工器具等完好情况，确保满足现场检修使用。

（4）组织工作班成员学习作业指导书（卡）、"三措一案"，作业成员应熟悉和掌握作业内容、作业地点、作业时间、进度要求、关键工序、质量标准以及安全注意事项等。

（5）作业人员应熟悉本次作业所涉及通信光缆线路的技术资料、运行状况、路由和地理环境等。

（6）根据电网需要和通信系统现状，必要时实施业务转移。

（7）根据需要，办理检修工作相关手续等。

8.3.2　现场作业资源配置

（1）人员组织：大型作业工作成员不少于 4 人，小型作业工作成员不少于 3 人，其中至少 1 人具备工作负责人资格。

（2）工器具和材料：根据工作需要，选择携带光时域反射仪、光纤熔接机、光源、可见光源、光功率计、光纤在线识别仪、光缆工具箱、放线架、紧线器、张力机、牵引机、光缆、尾纤、接头盒、梯子、滑轮、测高仪、脚扣、安全带、二次保险绳、安全帽、安全遮栏、绝缘靴、个人电工工具、卡车等交通工具、急救药箱、应急灯、气体检测仪等。

8.3.3 危险点分析与预控措施

（1）高空作业。

1）登杆塔前检查登高工具是否完整牢固，必须使用合格登高工具。

2）规范登杆方法，人员正确攀登。

3）高空作业应使用合格的安全带。安全带必须挂在牢固的构件上扣好安全绳扣，并不得低挂高用。紧线时不准登杆。使用脚扣登杆前要将脚扣调整合适，并进行预冲击。

4）乘滑车人员系好安全带。

（2）光缆敷放支架不牢，倾倒滚动伤人：放线架支架应安装稳固，必要时设置防护栏。

（3）跨越高度不够、跨越公路时未派人看管：安排专人看守。

（4）梯子倾倒：检查梯子应牢固可靠，立放要平稳，斜度符合要求，梯上工作应系安全带，梯子要有专人扶持。

（5）带电安全距离不够，导致人身触电：监护人提高注意力，高处工作人员站立于杆路带电部位外侧，动作规范，与带电体保持安全距离。

（6）杆上或缆上遗留工具：下杆前仔细检查不要遗留物品在塔上，杆下配合人员应及时提示。

（7）破缆时未正确使用工具，割伤手指：破缆时使用专用工具，正确使用开剥工具。

（8）OPGW感应电伤人：应进行验电，并做好接地措施。

（9）泥土或水珠落入熔接机：雨天熔接应在室内或帐篷里，不熔接时应盖上熔接机护盖。

（10）管道有毒气体造成人员中毒：打开井盖充分通风后，必要时使用气体测试仪测试确认。

（11）引发交通堵塞或发生交通事故：影响正常交通的施工，应和交通管理部门联系，做好交通安全措施，设立围栏，悬挂警示标志，设立隔离带。

（12）未断开板卡跳纤进行测试，致使光设备损坏：用OTDR进行纤芯测试前，应确认对端纤芯没有连接任何设备和仪表后方可进行纤芯测试操作。

（13）误碰运行纤芯：认真核对非检修范围的运行纤芯，做好隔离标记等，严格区分，并加强操作中的监护。

（14）激光伤害：在使用 OTDR 和光源时，严禁尾纤连接头端面正对眼睛。

（15）抛掷物品，引起伤害：高空作业所使用的工具和材料应放在工具袋内或用绳索绑牢，严禁抛掷。

8.3.4 作业规范

（1）光缆敷设前应认真勘查光缆路由，电力特种光缆还应进行路由复测，包括核对路由走向、敷设位置和接续点环境等是否符合安全要求、便于施工维护等。

（2）光缆长度包括实际测量长度，还应加上布放时的自然弯曲和各种预留长度，各种预留包括插入孔内弯曲、杆上预留、接头两端预留、水平面弧度增加等其他特殊预留。

（3）光缆施工时不允许过度弯曲，光缆转弯时弯曲半径应大于或等于光缆外径的 10～15 倍，并确保运行时其弯曲半径不应小于光缆外径 20 倍。

（4）普通架空光缆吊线应良好接地，要有防雷、防电措施。架空吊线与电力线的水平与垂直距离要 2m 以上，离地面最小高度为 5m，离房顶最小距离为 1.5m。

（5）为防止在牵引过程中牵引扭转损伤光缆，牵引端头和牵引索中间应加入转环。

（6）光缆有额定张力（拉力）限制，对于普通光缆，牵引力不应超过光缆允许张力的 80%，瞬间最大牵引力不应超过光缆允许张力的 100%，均匀用力，不应用力拉扯。牵引力应加在光缆的加强件（芯）上。对于电力特种光缆，牵引张力不应大于光缆的 20%RTS，最大不超过 25%RTS。

（7）在光缆的转弯处或地形较复杂处应有专人负责，严禁车辆碾压。光缆不应打小圈及折、扭曲及扭绞等现象，不应损坏光缆保护层。

（8）在管道内敷设光缆，为确保光缆安全，预留光缆应尽量盘留在通信管道的人（手）孔内。

（9）对光缆采用机械牵引时，应根据牵引长度、地形条件、牵引张力等因素选择集中牵引、中间辅助牵引和分散牵引等方式。

（10）电力特种光缆展放的牵引场地一般选择在耐张杆塔两侧，应保证光缆进出口仰角小于 30°，其水平偏角小于 7°。

（11）对电力特种光缆放线时，应先启动张力机后再启动牵引机，每次牵引都要有现场指挥的通知，每基杆塔应设专人监视，应保证光缆不与地面跨越架及其他可能损伤光缆的障碍物相碰擦，张力放线牵引至接近尾线控制长度时应停止牵引。

（12）对电力特种光缆紧线时，应在无雷电、大风（风力小于五级）、雾、雪和雨的白天进行，确保各观测档的驰度满足设计要求。

（13）普通架空光缆接头盒加强芯不接地，不连通。

（14）光缆接续一般在地面进行。光纤接头前应根据接头预留长度进行开剥，光缆开剥后在接头盒支架上的固定要牢固，不应损坏束管及纤芯。

（15）光纤接续，应遵循的原则是：芯数相等时，相同束管内的对应色光纤对接，芯数不同时，按顺序先接芯数大的，再接芯数小的。

（16）纤芯接续应按出厂色谱顺序或设计要求对应相接，不应有误，尤其是光缆多个分支接头时应按规定接续并做好记录。

（17）用熔接机进行纤芯接续时，光纤熔接的全部过程应采用 OTOR 监测，测出接头损耗，同时记录接头点到测试点纤芯距离，应确保光纤接续平均损耗达到设计文件的规定，保证光缆传输质量。

（18）光纤接续应连续作业，以确保接续质量。光缆接续全部完成后，多余光缆应盘在光缆接头盒的管架上，盘绕方向应一致。光缆盘绕弯曲半径应不大于厂家规定的曲率半径，接头部分应平直不受力，光纤盘留后，应用海绵等缓冲材料压住光纤形成保护层。

（19）熔接后的纤芯应使用热缩管保护，光纤在余线盘固定及盘绕的曲率半径应大于 37.5mm，避免对 1.55μm 波长产生附加衰减，盘绕后的纤芯用胶带稳妥固定在盘纤板内。

（20）管道光缆接头盒宜挂在人孔壁上或置于电缆托板间，手孔内光缆接头盒应尽量放置在较高位置，避免雨季时人孔内积水浸泡。

（21）站内光缆成端后，应在 ODF 箱前面板粘贴配纤示意图。

（22）光纤连接器应具有良好的重复性和互换性。尾纤的长度应符合设计要求、外皮无损伤。尾纤各项参数应符合规程规定，连接器的损耗应符合规程规定。

8.3.5　作业终结的要求

（1）检验故障或缺陷等恢复情况，确认恢复良好。

（2）清理施工现场，清点工器具、回收材料。

（3）做好现场检修、测试等记录。

（4）办理工作票、申请票的终结手续。

（5）整理检修资料，修改运行资料，保证修改后的资料与实际运行状况一致。

8.4　通信电源检修安全管控标准化作业

8.4.1　作业准备工作

（1）依据设备故障信息、故障现象，准确判断本次设备可能的故障原因，确定本次检修是否是大型检修作业，大型作业应编写作业指导书和"三措一案"，小型作业编写作业指导卡。

（2）确定本次检修是否需要通信操作票，符合使用通信操作票的操作，操作人员编写通信操作票。

（3）准备检修必需的材料、备品备件。

（4）组织工作班成员学习作业指导书（卡）、三措一案，作业成员应熟悉作业内容、进度要求，以及安全注意事项。

（5）现场作业人员应熟练掌握设备运行状况、基本参数、主要运行指标。

（6）检查仪器仪表完好，电池充足，工器具完备。

（7）根据现场工作时间和工作内容办理工作许可手续。

8.4.2　现场作业资源配置

（1）人员组织：大型作业工作成员不少于 3 人，小型作业工作成员不少于 2 人，其中至少 1 人具备工作负责人资格。

（3）工器具和材料：选择携带备品备件、数字万用表、数字交直流钳型电流表、内阻测试仪、检修工具、手持式红外测温仪、具备漏电保护功能的移动电源插板、智能放电测试仪、48V 充电装置、标签机、毛刷、安全帽、交通工具等。

8.4.3　危险点分析与预控措施

（1）现场安全措施不完备。

1）按工作票做好安全措施。

2）明确作业地点与带电部位。

（2）未认真核对图纸和设备标识，造成误操作。

1）操作前认真核对图纸和设备标识。

2）作业时加强监护。

（3）误碰带电部位，造成人身触电。

1）清扫设备时，使用绝缘除尘工具。

2）谨慎操作，防止误碰带电部位。

3）加强监护。

（4）误碰电源开关，造成设备供电电源中断。

1）谨慎操作，防止误碰其他空气开关。

2）加强监护。

（5）误接线，造成设备损坏。

1）接线前认真核对图纸和设备标识。

2）作业时加强监护。

（6）仪表使用不当，造成损坏。

1）正确使用仪器仪表。

2）作业时加强监护。

（7）电源极间短路。

1）对工器具和缆线头进行绝缘处理。

2）作业时加强监护。

（8）接线接触不良，导致缆线接头处发热。

1）使用合适的工具紧固。

2）对接线情况进行复查。

3）对接线端子进行测温。

8.4.4　作业规范

（1）作业前，应核对电源系统图纸、标识与实际系统运行状态保持一致。

（2）电源开关操作前后必须验电，并有人监护。

（3）拆、装蓄电池时，应先断开蓄电池与开关电源设备的熔断器或开关。

（4）在电源柜体内使用工具操作时，应均匀用力，小心操作。

（5）使用扳手紧固螺丝时开口要适当，把手上应有绝缘措施，防止滑脱伤人或触及带电部位。

（6）更换电源模块时应关闭分路开关，不得带电插拔。

（7）对开关电源参数设置应严格按照设备说明书进行操作。

（8）蓄电池充放电试验按说明书操作。

（9）蓄电池放电过程中，作业人员不得离开现场。放电后，应立即对蓄电池进行充电。

（10）对拆除后的电缆头应进行绝缘处理，以防止相间短路和单相接地，并保持电缆头的清洁。

（11）拆、接电缆时，应做好缆线标识，并标出"正、负"极性。

（12）接线正确无误，并保证接线牢固、接线端子完好，必要时对接线端子进行测温。

（13）清洁蓄电池时，不得使用有机溶剂和化纤类织物。

8.4.5　作业终结的要求

（1）完整填写通信电源检修记录，验收工程施工工艺，标签标识清楚，设备封堵严密。

（2）清理施工现场，清点工器具、回收材料。

（3）办理工作终结手续。

（4）整理检修资料，修改运行资料，保证资料与实际运行状况一致。

第9章 电力通信系统运行管理要求

电力通信系统是为满足电力系统运行、维修和管理的需要而进行的信息传输与交换的系统，包含通信支撑设备、通信传输设备、通信业务设备三大组成部分，是电力系统不可缺少的重要组成部分，是电网实现调度自动化和管理现代化的基础，是确保电网安全运行的重要技术手段。随着电力系统的不断发展和计算机方面新技术的不断应用，对电力通信系统的各个组成部分提出了更高要求。

通信站各类设备、设施及机房实行属地化维护或委托维护，在投运前落实运行维护单位。通信机房应满足通信设备正常运行的条件，满足通信设备操作和检修的需要。通信站的运行维护单位应根据通信站的重要程度，制订相应的管理规定，明确通信站的巡检周期、范围和内容，确保通信站的安全运行。

9.1 通信系统运行要求

9.1.1 维护界面

（1）各级通信机构通信电源维护界面。

1）通信站配备通信专用电源设备时，以通信专用电源设备的输入端为维护界面；即通信专用电源设备属通信设施。

2）通信站采用变电站、发电厂直流系统电源，经直流—直流变换（DC-DC）设备为通信设备供电时，以 DC-DC 设备的输出端为维护界面；即 DC-DC 设备至通信直流配电柜或通信设备之间的电缆及通信直流配电柜。

3）通信设备直接使用交流电源（包括 UPS）时，以交流供电设备的输出端为维护界面：即交流供电设备至通信设备之间的电缆属通信设施。

（2）通信站站内通信设备、设施与站外设备、设施的界面。

1）OPGW 以变电站、发电厂出线构架上的终端接续盒为维护界面：即光缆终端接续盒、导引光缆属站内通信设施。

2）至通信站外的普通光缆以终端接续盒为维护界面。未安装终端接续盒时，以配线架为维护界面。至通信站外的通信电缆，以通信机房配线架进线侧为维护界面。

9.1.2 制度管理

（1）运行维护单位应根据上级单位发布的规章制度以及通信站的实际情况，及时对所辖通信站的规章制度进行修订、补充。

（2）运行维护单位应制订所辖通信站的以下各项规章制度，经上级主管部门批准后执行，并根据具体情况进行增减。

1）设备专责制度，明确站内主要通信设备的负责人及其职责。

2）机房管理制度，明确机房环境要求（如禁止吸烟、会客等），明确外来人员进出机房管理要求。

3）有人值班通信站值班制度，明确当值值班人员的职责和主要工作内容。

4）有人值班通信站交接班制度，明确交接班的程序、内容和注意事项。

5）无人值班通信站定期巡检制度，明确巡视、检测周期和巡视范围、检测项目。

6）应急管理制度，明确在重大灾害、保电期间和通信网出现故障时的汇报、处理方法和流程。

7）安全、消防、保密制度，明确站内禁止存放易燃易爆及腐蚀性物品，明确消防器材管理事项和自动消防系统异常时的处理措施。

8）仪器仪表、备品备件、工器具管理制度，明确仪器仪表应按说明书使用并定期校验，明确备品备件保管、使用和补充的要求等。

9）现场工作规范，明确在通信站进行工作的流程。

9.1.3 资料管理

（1）通信站应具备各种相关资料满足运行需要，定期进行运行资料与现场实际情况的核对工作，及时整理、更新并报上级备案。

（2）通信站应具备以下资料。

1）有人值班通信站值班日志。

2）定期巡检、巡视记录。

3）交、直流电源系统接线图。

4）站内通信设备连接图。

5）通信系统图。

6）光缆路由图。

7）电路分配使用资料。

8）相关重要业务的运行方式资料、通道运行资料。

9）配线资料。

10）光缆纤芯测试记录。

11）设备检测、蓄电池充放电记录。

12）机房接地系统等过电压防护资料、检测记录。

13）通信事故、缺陷处理记录。

14）设备台账。

15）仪器仪表、备品备件、工器具保管、使用记录。

16）通信站综合监测系统资料。

17）通信站、设备及相应电路竣工验收资料。

18）站内通信设备图纸、说明书、操作手册。

19）通信现场作业指导书。

20）通信站应急预案。

（3）交、直流电源系统接线图、通信站应急预案宜有纸质文档存放在现场。其他资料可使用计算机网络管理，异地存放，现场调用。

（4）传输继电保护、安全控制等重要业务的设备或板卡，应在配线资料、电路分配使用资料等运行资料中宜特别标记。

9.2 日常巡视

日常巡视是现场和监控运行人员为掌握通信设施运行状态开展的日常周期性巡视工作，包括监控巡视、变电站（中心站）日常巡视、光缆日常巡视。

现场巡视人员巡视期间一旦发现变电站所用交流电源、一体化电源、通信电源、通信光缆、通信设备告警或异常，应立即联系运维单位和属地通信人员到场处理，并配合开展现场应急处置工作。

9.2.1 监控巡视

（1）通信调度实行 7×24h 值班管理，对集中监视范围的通信系统进行实时监控。

（2）通信调度每日一般不少于 8 次，时间间隔不大于 3h 开展监控系统日常巡视工作，巡视结果应及时记录。

（3）通信调度交接班时，两班人员应按要求共同巡视监控系统，全面掌握网络运行情况，并记录交接班内容。

9.2.2 中心站日常巡视要求

各级中心站通信机房应按要求进行巡视，巡视内容主要有监控系统、电源及蓄电池、运行设备、引入光缆、辅助设备。

9.2.3 变电站日常巡视要求

（1）330kV 及以上站点日常巡视。

1）站内通信设备巡视：运维人员宜在每日上午、下午、晚上对通信电源及蓄电池室、通信机房及基础设施开展至少 3 次巡视，并做好巡视记录，巡视间隔时间宜为 8～10h。每双周对通信电源及蓄电池室、通信机房及基础设施进行全面巡视一次并做好巡视记录。

2）引入光缆巡视：运维人员应分别在每日上午、下午、晚上对引入光缆开展至少 3 次巡视，并做好巡视记录，巡视间隔时间宜为 8～10h。每双周对引入光缆及交接箱进行全面巡视一次并做好巡视记录。

（2）220kV 及以下变电站日常巡视。

1）站内设备巡视：220kV 及以下变电站运维人员结合变电巡视周期对站内通信电源及蓄电池、通信机房及基础设施开展日常巡视并做好巡视记录。

2）引入光缆巡视：220kV 及以下变电站运维人员结合变电巡视周期对站内引入光缆开展日常巡视并做好巡视记录。

（3）光缆日常巡视。

随电力线路架设的 OPGW、ADSS、普通光缆的日常巡视采取随线路同周期日常巡视同步开展并做好巡视记录。

9.3　专业巡视

专业巡视是通信专业人员为深入掌握通信设施全面运行状态，对通信设施开展的全面深入的专业检查，包括监控系统专业巡视、变电站（中心站）专业巡视和光缆专业巡视。

9.3.1　监控系统专业巡视

9.3.1.1　巡视周期

地市级及以上通信网宜每月一次，县级及以下通信网应每季度一次。

9.3.1.2　巡视内容

网管客户端网络连接情况、网管登录及监控主页面情况、网管系统告警推送情况、网管系统告警声音情况、网管服务器系统运行情况，网元变动情况、网元光功率变化情况、网络保护方式运行情况等。

9.3.2　变电站专业巡视

9.3.2.1　巡视周期

通信中心站、330kV 及以上变电站每两月一次，220kV 变电站每季度一次，其他变电站每半年一次。

9.3.2.2　巡视内容

（1）传输设备：滤网清洗、设备除尘、收发信电平检测、误码率测试、数据备份、告警试验。微波馈线充气机工作状态检查、更换干燥剂。

（2）交换设备：交换机中继线和迂回路由工作情况检测、系统数据备份，调度台、录音系统设备的运行状况检测，卫星电话检测。

（3）电源设备：电压、电流检测，交、直流切换试验，蓄电池外观检查，告警、监控检测。太阳能电源极板清洁、电池控制器检测等。

（4）配线系统：配线资料、标识标签检查、更新，配线接头紧固。

（5）过电压防护：防过电压元器件外观及工作状况检查、性能测试，接地点检查。

（6）室外设备：铁塔防腐与紧固、天馈线、警航灯检查与处理，光缆接续盒检查与处理，结合滤波器防腐、防水检查与处理。

（7）动环系统：各类门磁告警、直采装置、协议转换器、视频监控装置检查与处理。

（8）引入光缆、高频电缆：外表检查，标牌补充与更换，与动力电缆隔离检查，沟道防火封堵检查等。

9.3.3 光缆专业巡视要求

9.3.3.1 巡视周期

OPGW 光缆接头盒、ADSS 光缆、普通光缆、直埋光缆每半年巡视一次，承载保护业务的 ADSS 光缆、三跨 ADSS 光缆每月巡视一次，并做好巡视记录。

9.3.3.2 巡视内容

（1）OPGW 光缆巡视：外护层是否有断股或松股，光缆接续盒及预留光缆盘所放位置、外型是否有变化，有无腐蚀、损坏变形、固定不牢靠、标牌脱落或文字不清晰等现象。

（2）ADSS 光缆巡视：ADSS 光缆外形是否有明显碰撞或变形。ADSS 光缆外形是否有受到外力破坏，是否有放电痕迹。ADSS 光缆金具末端外延 2m 光缆的外护层是否光滑完好。ADSS 光缆弧垂相对温度的变化是否超过正常范围，ADSS 光缆与其他物体间的最小净距应满足要求。ADSS 光缆与金具之间是否有滑移。耐张线夹、悬垂线夹、防震器、引下夹具等金具是否完好。光缆接续盒的密封性，光缆接续盒及预留光缆盘所放位置、外形是否有变化，有无腐蚀、损坏变形、固定不牢靠、标牌脱落、文字不清晰等现象。

（3）ADSS、OPGW 接头盒巡视：检查光缆接续盒及预留光缆盘所放位置、外形是否有变化，有无腐蚀、损坏变形、固定不牢靠等现象。

（4）附属设施检查：光缆进所（杆塔）位置、接头盒位置、（杆塔）转角位置标牌是否脱落，文字是否清晰。

（5）通道环境检查：剪除影响光缆的树枝，清除光缆及吊线上的杂物。

9.4　专业检测

专业检测是通信专业按照规程对通信设施开展的定期测量和试验工作，各级通信运维单位应按照以下要求开展专业检测工作。

（1）每半年开展光缆备用纤芯测试一次，含通信、保护、通信保护共用光缆，并填写测试记录。

（2）每半年开展载波机性能现场测试一次。

（3）每年开展 OTN、波分系统性能现场测试一次。

（4）每年开展调度交换机子框倒换测试一次。

（5）每年测试接地电阻一次。

（6）每年蓄电池组充放电一次。

9.5　缺陷管理

9.5.1　通信缺陷处理要求

（1）巡视发现通信设备告警或接到缺陷申告后，通信调度应迅速安排人员确定缺陷影响范围，根据缺陷原则采取应急措施缩小影响范围或降低缺陷等级，同时下达通信缺陷处理单并电话通知相关运维检修单位。

（2）通信调度应根据通信缺陷紧急程度和影响范围，及时向相关领导汇报。涉及上级通信调度调管范围内的通信缺陷，还应及时向上级通信调度汇报。

（3）各级运维检修单位在接到通信调度关于通信缺陷的电话通知后，应立即安排人员按照缺陷原则进行处理，在消缺完成后及时通知通信调度。

（4）通信调度负责跟踪和监督缺陷处理过程，协调相关检修单位及时完成消缺工作，在消缺完成后负责对通信网络和业务通道的恢复情况进行验收，并整理汇总检修单位提交的缺陷处理单。对描述不清、与实不符、前后矛盾的通信缺陷处理单，通信调度应退回通信运维单位重新填报。

（5）在缺陷处理过程中，对扩大缺陷影响范围的消缺处理措施，通信调度必须逐级汇报确认同意后方可批准实施。

（6）缺陷处理过程中，按照业务等级的重要性进行恢复，抢修恢复业务时间按照要求执行。

9.5.2　消缺流程

通信缺陷处理流程如图 9-1 所示。

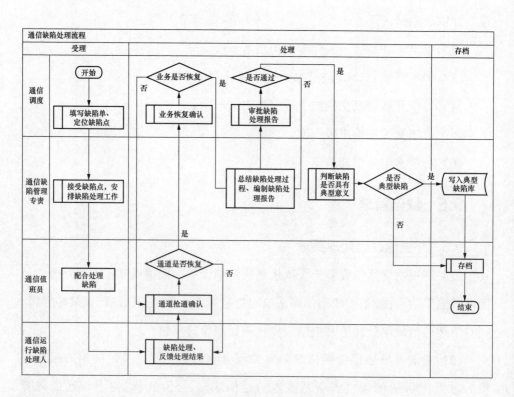

图 9-1　通信缺陷处理流程

9.6　现场应急处置

9.6.1　消防应急处置

9.6.1.1　处置流程

（1）接到火情信息后，设备运检人员立即赶赴现场。

（2）了解火灾情况后，立即向上级汇报。

（3）查明火情，切断设备上级电源。判断着火电缆所属系统和走向，调整运行方式，并切断着火电缆的电源。

（4）初起火灾工作负责人可组织自行扑救，启用灭火装置，使用消防砂、灭火器等灭火，并视情况及时拨打"119""120"报警。电缆着火部位两侧设置阻火带，延缓和阻止火势发展。

（5）火势无法控制时，现场负责人组织人员撤至安全区域，防止爆炸伤人。电缆间、隧道电缆火势无法控制时，应在急救援人员应撤出后，关闭防火门，以使火焰窒息。

（6）隔离事发现场，在交通要道和主要路口设置警示标志，并设专人看守。禁止任何无关人员擅自进入隔离区域。

（7）配合专业消防人员灭火。

9.6.1.2　注意事项

（1）报警时应详细准确提供的信息为：单位名称、地址、起火设备、燃烧介质、火势情况、火灾现场人员受困情况、本人姓名及联系电话等内容，并派人在指定路口接应。

（2）扑救时，扑救人员应根据火情和现场情况，佩戴防毒面具或正压式呼吸器，并站在上风侧灭火。

（3）在现场处置过程中要辨别设备名称和位置，严防次生事故的发生。

（4）人员撤离时要选择正确的逃生路线，听从指挥，使用湿毛巾（棉织物）护住口鼻，低首俯身，贴近地面。

（5）扑灭火灾时，应用干式灭火器、二氧化碳灭火器等灭火。变压器等注油设备着火时，应当使用泡沫灭火器或干燥的沙子等灭火。电缆着火优先使用干式灭火器。若火灾无法扑灭，电缆间、隧道用水灭火时，应确保排水系统正常。

（6）专业消防人员进入现场救火时需向他们交代清楚带电部位、危险点及安全注意事项。进入电缆间、隧道等密闭场所火场的应急救援人员必须两人一组，佩戴正压式呼吸器，进入时间不宜过长，并充分预留出撤回时间所需要的呼吸器的供气量。

（7）室内扑救火灾时，严禁开启室内排风装置，以防火情蔓延。

9.6.2 空调应急处置

9.6.2.1 处置流程

（1）当发现机房温度持续升高，空调高压报警。

（2）通知空调设备管理员和水系统维保单位对问题进行诊断。

（3）降设备负荷，确保重要实时系统的正常稳定运行。排除故障恢复空调运行。

9.6.2.2 注意事项

（1）停止空调运转不能采用拔出电源插头的方法，以免发生触电、火灾等事故。

（2）空调的使用期间禁止自行修理或移动空调器。

（3）空调上不堆放杂物，更不能用水冲洗空调。

（4）空调运转出现异常现象，要立即关闭电源，避免发生火灾或触电现象。

9.6.3 通信联络应急处置

为保障突发事件状态下全网电力调度和通信调度生产的应急通信联络，各级调度机构和通信运维机构配置应急卫星电话，组成覆盖电力调度、通信调度专用应急卫星电话系统。

9.6.3.1 具体配置

省电力企业电力调度主调和备调调度室宜分别配置 1 部卫星电话，通信调度宜配置 1 部卫星电话。地市电力调度与和通信调度宜各配置 1 部卫星电话。

各县电力企业电力调度应配置 1 部卫星电话。各单位可根据需要，增配卫星电话。

9.6.3.2　运维及使用

（1）通信运维部门负责通信卫星电话及时维修服务，使用情况定期（每年至少两次）检查（包括设备数量、性能状况、保养情况、通话质量及故障情况等进行登记），备品备件保管，提出技改、大修方案，与售后服务方保持密切联系，及时清缴通话话费，确保畅通。

（2）电力调度和通信调度宜分别设专责人，负责各自使用的卫星电话日常保养，使之处于良好的运行状态，发现故障及时向相关运维部门报修。负责制订卫星电话定期测试和应急演练计划，定期开展测试和演练。

第 10 章　典型事故案例分析

本章选取光传输设备、通信光缆、通信电源、视频会议、500kV 线路保护通道中断事故案例，从事故经过、原因分析、暴露问题、防范措施的角度进行分析总结，找准事故发生的原因，制订预防事故的对策，避免生产过程中发生事故。

10.1　光传输设备故障处理案例分析

10.1.1　事故经过

通信运维人员进行传输 SDH 设备升级改造业务割接工作，SDH 设备拓扑示意图如图 10-1 所示。变电站 2 在割接调度自动化业务时，物理端口正常，传输网管上无告警，但是调度自动化业务实际不通。变电站 1 通信业务、调度自动化业务割接都不成功。变电站 5 通信业务无法割接成功。

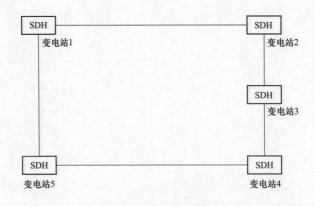

图 10-1　SDH 设备拓扑示意图

10.1.2 原因分析

10.1.2.1 外部环境原因

（1）光纤插头不清洁。

（2）光纤性能劣化，损耗过高。

（3）设备接地不好。

（4）设备附近有强烈干扰源。

（5）设备散热不好，工作温度过高。

（6）电源电压不稳、产生浪涌。

（7）工作时间过长，灰尘太多。

10.1.2.2 设备对接问题

（1）光纤插头连接不正确。

（2）光转发类型单板、汇聚类型单板传输性能劣化。

10.1.2.3 设备原因

（1）光转发类型单板、汇聚类型单板故障或自然损坏。

（2）其他单板故障。

检查网管链路，发现所有的异常全部都在这个支环上，所以我们首先排查是否是光路问题。核查 2M 连接线是否接触不良导致业务割接失败。检查板卡及设备是否正常运行。检查业务配置是否正确。

10.1.3 防范措施

（1）从这次事件中总结：当出现故障时，最困难的是如何快速进行故障定位，并迅速确定发生的原因。对于运维人员来说，有一个清晰的故障排除思路和丰富的网络故障分析处理经验在迅速排除网络故障的过程中是非常重要的。

（2）熟悉局端整个网管拓扑，加强 SDH 运行管理规定执行力度，加强技术学习，了解设备工作原理、运行状况。针对每次 SDH 设备出现的问题进行总结，保证系统设备的正常有序运行。清晰、准确地描述故障，收集详细的故障信息，及时掌握故障时间、现象，进行何种操作等，认真分析总结故障发生时的网管软件、诊断命令故障信息。设法减少可能的故障原因，缩小故障范围，尽快制订出有效的故障处理解决方案。

（3）现场操作要规范认真，逐一排查问题再进行操作，严格按照操作流程，加强 SDH 运行管理规定执行力度，不可盲目操作。通信运维人员应做好日常的处理和维护，因部分机房条件恶劣，定期做好日常维护和保养，严格按照规定进行巡检。

10.2 通信光缆故障处理案例分析

10.2.1 现象描述

20××年××月×日，通信调度监控发现传输网管中市—县 A 网 A 站—B 站双向 R-LOS 告警，市—县 B 网 A 站—B 站双向 R-LOS 告警，市—县 A 网 A 站—B 站 10G 光路中断，市—县 B 网 A 站—B 站 10G 光路中断，县区通信网主环网 A 站—C 站 2.5G 光路中断。传输网拓扑如图 10-2 所示。

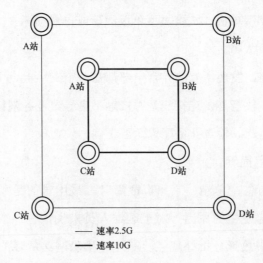

图 10-2 传输网拓扑

10.2.2 原因分析

（1）发生以上情况时一般全部光纤会在一处同时中断。

（2）对于光缆造成故障的原因很多，不同原因导致其故障的特点均不相同。主要有人为因素、气象因素、环境因素、震动磨损、自身老化及质量问题等。

（3）对于架空光缆，人为因素造成故障的情况有汽车撞杆、刮断、倒树倒杆砸断、鸟枪击断、外围施工等。

（4）人为因素有：汽车撞杆、刮断、倒树倒杆砸断、鸟枪击断、外围施工等。

（5）气象因素有：龙卷风、台风、暴雪等恶劣天气等。

（6）环境因素有：化学腐蚀性空气环境导致光缆被腐蚀、高金属含量空气环境加大了电腐蚀的发生率。这两点，在工业发达地区非常突出，多次出现化学腐蚀和电腐故障。

（7）自身老化及光缆质量问题也会造成断纤现象。

（8）震动磨损因素有：架空光缆及其掉线由于受风的影响经常震动，使得光缆与光纤接头处长期受力疲劳，进而发生断纤故障。

（9）这类故障的特点是只有一根或者少数光纤折断或者多出光纤折断，在断纤前可能有损耗增大的现象。断纤点大多发生在光缆与接头护套交界处或光纤与接头补强管交界处。

（10）直埋光缆与管道光缆会因各类道路施工被挖断。直埋光缆会受到塌方地陷的危害而发生故障，地陷还会造成管道光缆因管孔错位而发生故障。其特点是同管道敷设的其他线缆会在同一处发生障碍。直埋光缆靠近公路或铁路等震动源处受力易发生断纤故障，管道光缆位于车流量大的路段，接头容易断纤。直埋光缆和管道光缆在化学物质超标在地区，会有腐蚀断纤的情况。

10.2.3 防范措施

（1）光缆中断完全避免是不可能的，故障分析和故障定位在故障处理中是至关重要的，分析的好坏和定位的准确度直接对故障处理的时间产生影响。

（2）通信运维人员必须掌握光配资料及重要光路的光缆路由资料、重要光路的应急处置方案（备用跳纤）、重要业务的迁移方案以及传输通道的信号分析能力。

（3）加强光缆的日常巡视，实时掌控光缆运行状况。定期巡视，对重要光缆，情况特殊光缆提高巡视频率。代巡（一次线路单位代巡，需运维站及配电网农网线路人员协助代巡)。对存在隐患的要立即处理,不留后遗症。对高腐蚀环境下的光缆和自身质量存在问题的光缆缩短使用年限,通过技改提前改造。

(4)加强光缆质量管控。物资质量检测,收货要求供应商出具光缆检测报告,同时配合上级抽检,及时发出问题。施工全过程管控,把控光缆建设的设计、施工和验收关口,从源头上管控光缆安全运行,架空光缆优先选择一次线路状况优越在线路。地埋光缆穿镀锌钢管敷设,敷设路径与道路平行,并在敷设路径地面上标有醒目现场标识。

(5)警示及宣传。在易遭人为外破的光缆处设置醒目警示牌。加强市政施工、电力线路施工等现场电力通信光缆安全措施的布置,有必要的现场监控和保障。加强部门之间及外部施工单位沟通,着重宣传电力设施的保护事宜。

10.3 通信电源故障处理典型案例分析

10.3.1 事故经过

20××年××月×日 14 时 13 分,某变电站一体化电源故障,造成通信设备停运,导致多条调度自动化与无线专网业务中断。经调查分析,本次设备事件的直接原因是:两套一体化电源 DC/DC 变换装置内部多个电压转换模块中的二次电源板电容器损坏,2 号一体化电源 DC/DC 变换装置因故障退出运行后,全部负载转移至 1 号一体化电源 DC/DC 变换装置,引发电源模块限流保护,输出电压降低,影响通信设备正常工作,导致多条业务中断。

本次设备事件的间接原因如下:

(1)一体化电源 DC/DC 变换装置无告警指示灯,当发生异常情况时,外观巡视无法直观发现设备异常状态。

(2)装置告警策略不完善,当多个 DC/DC 电源模块并机运行时,无法检测单个模块未启动或输出欠压等异常,且管理模块工作电源取自本段 48V 母线,一旦失压,无法输出告警信号。

(3)装置不具备自检功能,无法自检发现二次电源板、通信板等关键部件的异常状态。

10.3.2　原因分析

（1）前期设计不合理。非独立通信电源方案，重要站点应配备两套独立的通信专用电源。每套通信电源应有两路分别取自不同母线的交流输入，并具备自动切换功能。

（2）入网把关不严格。经检测，一体化电源厂家本批次产品存在严重设计缺陷和质量问题，且厂家提供的型式试验报告与供货设备不一致。

（3）设备运维不到位。日常运行维护仅对 DC/DC 变换装置的指示灯、显示屏及模块屏总输出电压、电流有无异常进行检查，对每个模块的输出电流等运行状态巡视不到位。

10.3.3　防范措施

（1）强化隐患排查治理。围绕一体化电源 DC/DC 变换装置电源模块的产品质量、告警策略、模块自检、面板指示、运行维护等方面开展专项隐患排查治理，全面消除设备隐患。

（2）严格设备入网管控。强化新技术、新产品的入网技术把关，严格产品技术性能评估、试验验证和招投标管控，确保设备入网安全。

（3）做好一体化电源改造。对不符合要求的一体化电源设备及时改造更换，改造完成前加强运维保障，细化巡视内容，缩短巡视周期，必要时安排驻站值守。

（4）明确一体化电源管理界面。全面梳理一体化电源在管理、监控、运维、应急等方面的职责分工，明确各方工作责任，堵塞管理盲区，提升一体化电源安全管理质效。

10.4　视频会议系统典型故障案例分析

10.4.1　事故经过

（1）20××年××月×日，某县供电电力企业信通运维人员按照市供电电力企业要求，将原晨会会议室与行政第二电视电话会议室合并，并将晨会系统部分设备搬迁至行政第二电视电话会议室。搬迁后，运维人员开始对系统进行调试。

（2）首先在晨会终端上呼叫地市供电电力企业，声音正常，画面清晰流畅。随后联系地市供电电力企业同时呼叫县供电电力企业，模拟晨会画面，一开始画面图像正常，10min 以后画面右下角出现红色闪电（误码）标志，接着图像卡顿严重。会议室调试画面如图 10-3 所示。

图 10-3　会议调试画面

10.4.2　原因分析

晨会会议以往都是在原晨会会议室召开，多年未搬迁设备，一直使用的是晨会终端 LAN1 号口且运行正常。搬迁后出现故障，思维定式，片面认为是搬迁通道未调通，重点检查传输通道和网络的问题。实际上，晨会系统终端已运行超过 10 年，设备老化，因断电或搬运致使设备故障，更换设备后恢复。

10.4.3　防范措施

（1）电视电话会议运维中常见的故障类型很多，电源设备、传输设备、网络设备、终端设备、音视频设备以及所有的缆线和接头都有可能会造成这样那样的故障。在出现该故障时要冷静分析，要分步骤进行全面逐一排查，尤其是线缆、设备、端口等方面要熟知其要点所在。在进行相关运维工作时我们需要多学习、多留意设备的各项配置、参数设定等内容。

（2）迅速根据现象判断出原因所在，争取最短的时间内找出故障点进行检修处理。无论是主用还是辅用的设备都需要定时定点检查维护，要杜绝最基本的操作失误造成的故障发生。在平时的工作中，设备的备品备件必须配备齐全，以便在设备出现故障时，迅速替换，将影响降到最低。

10.5　500kV 线路保护通道中断故障案例分析

10.5.1　事故经过

20××年××月××日，500kV 南鼓Ⅰ线开展线路迁改施工，由于南鼓Ⅰ
线与鼓北Ⅰ线的现有 OPGW 为交叉架设，设计方案未考虑 OPGW 光缆交叉架
设的因素，迁改施工致使 500kV 鼓北Ⅰ线光缆中断，导致其上承载的线路保护
等共计 50 条业务通信通道中断。

本次鼓北Ⅰ线 OPGW 光缆中断，经现场排查，断点距离鼓楼变电站约
1.18km 处，与南鼓Ⅰ线 OPGW 光缆申请开断点距离一致，且测试发现南鼓Ⅰ
线 OPGW 光缆无断点，判定南鼓Ⅰ线施工开断的 OPGW 光缆实为鼓北Ⅰ线
OPGW 光缆。

经查，500kV 南鼓Ⅰ线、鼓北Ⅰ线的 OPGW 部分光缆段未随本线架设，而
是交叉架设。500kV 南鼓Ⅰ线、鼓北Ⅰ线交叉换位段示意图如图 10-4 所示。

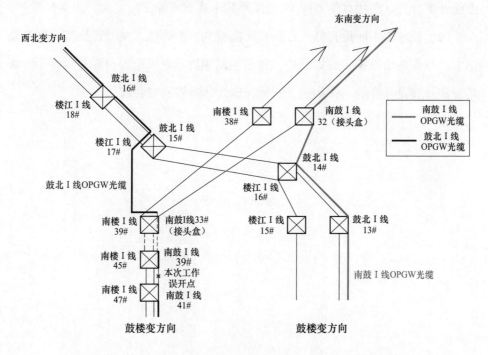

图 10-4　500kV 南鼓Ⅰ线、鼓北Ⅰ线交叉换位段示意图

10.5.2　原因分析

（1）直接原因是总包单位收资内容不完整，未向运维单位收资 OPGW 型号、参数和纤芯接线方式，且未按规程开展现场勘查。运维单位对设计图纸审查把关不严，未核 OPGW 型号、参数和纤芯接线方式，导致本工程按错误图纸施工，造成 500kV 鼓北Ⅰ线 OPGW 被误断。

（2）间接原因是施工单位未能按照要求及时整改。运维单位未对该缺陷进行整改闭环管理，造成该缺陷长期存在且未采取风险防范措施。输电专业与通信专业沟通机制不畅通，OPGW 光缆的运维职责及界面不清晰。

10.5.3　防范措施

（1）结合各项自查工作，针对 OPGW 光缆未跟随一次线路本线建设而采用交叉架设的隐患进行全面排查梳理，一旦发现类似隐患，必须对相应光缆进行单独命名、挂牌、做好备注，并明确告知相关各级运行单位，做好相应的风险防范措施，同时列入隐患库、择机整改。针对后续 OPGW 光缆工程项目应严把设计审查关，坚决杜绝 OPGW 光缆不随本线架设而采用交叉架设现象发生。

（2）要持续不断地狠抓运行资料的完整性、准确性，从物理资源实物台账出发，排查通信设备、通信光缆、通信电源等物理资源运行台账是否齐全，现场标识标签是否准确、图实是否一致，确保运行资料完整有效。

第11章 典型施工工艺

本章详细总结了通信站、光缆施工工艺要求。首先介绍了通信站基础设施、屏柜、设备、综合布线、辅助设施的安装工艺要求，其次详细介绍了各种光缆的安装工艺要求，最后对标签标识各应用场景进行举例。

11.1 通信站安装要点

11.1.1 名词解释

11.1.1.1 通信站

通信站主要指安装有为电力生产、经营管理服务的各类通信设施（光纤、微波、载波、交换及网络等）及其辅助设备（供电电源、环境监控）的建筑物和构筑物的通称。

11.1.1.2 通信机房

（1）在通信站内安装通信设备、设施，且具备一定运行条件的房屋。一般可分为专用机房，综合性机房。

（2）专用机房是指集中安装运行中的电力通信网通信设备的专用场所。综合性机房是指电力通信网通信设备与其他二次设备共用的机房或二次设备室。

11.1.1.3 辅助系统

屏体、通信管线、配线系统（ODF、VDF、DDF、NDF）、接地、过电压保护等称为通信站辅助系统。

11.1.1.4 线缆成端

线缆成端是指把光缆、电缆等通信介质用合适的方式熔接、卡接或焊接在合适的终端设备（ODF 子框，光缆终端盒，DDF 模块，电缆交接箱、光缆交接箱等）上。

11.1.1.5 支撑服务设备

安装在通信站内为电力系统服务的各种通信设备（电源、时钟、传输、交换、接入及其辅助设施等）。注：根据安装工艺，通信站设备分为子架设备和电源设备。

11.1.1.6 屏体

屏体包括机柜和机架。机柜是指用来组合安装通信站设备、配线等，使其构成一个整体的安装箱，由框架和盖板（门）组成，一般具有长方体的外形，落地放置。不具备封闭结构的机柜称为机架。

11.1.1.7 缩略语

ADSS：全介质自承式光（all dielectric self-Supporting optical fiber cable）

DDF：数字配线架（digital distribution frame）

NDF：网络配线架（network distribution frame）

OPGW：光纤复合架空地线（optical fiber composite over head ground wires）

OTDR：光时域反射仪（optical time domain reflectometer）

ODF：光纤配线架（optical distribution frame）

VDF：音频配线架（voice frequency distribution frame）

RTS：额定拉断力（rated tensile strength）

11.1.2 基础设施要求

（1）通信站门窗完好满足密闭防尘要求，窗户具备遮阳功能，防止阳光直射设备。内部的装修工作已经全部完工。室内已充分干燥，地面、墙壁、顶棚等处的预留孔洞、预埋件的规格、尺寸、位置、数量等应符合施工图设计要求。

（2）走线槽（架）路由、规格应符合施工图设计要求。

（3）通风取暖、空调等设施已安装完毕并能正常使用，空调送风口不应处于机柜正上方。室内温度、湿度应符合设计要求。

（4）通信站建筑的防雷接地和保护接地、工作接地体及引线已经完工并验收合格，接地电阻应符合施工图设计要求。

（5）通信站内的消防设施应符合国家标准。

（6）楼板预留孔洞应配置阻燃材料的安全盖板，已用的电缆走线孔洞应用阻燃材料封堵。

（7）通信站应具备防小动物措施，进出通信站的线缆管孔应做好封堵。

（8）蓄电池室应具备防水、通风措施，蓄电池室内开关、插座、照明等电气部分应采取防爆措施。

（9）通信机房、通信蓄电池室内除具备正常的照明外，应有事故照明。

（10）通信机房门应符合消防要求，安装采用外开方式。

11.1.3 辅助系统安装

11.1.3.1 屏体安装

（1）屏体各部件应完整，安装位置应符合设计要求。

（2）屏体安装应端正牢固，用吊垂测量，垂直偏差不应大于 3mm。

（3）列内屏体应相互靠拢，屏体间隙不应大于 3mm，列内机面平齐，无明显差异。

（4）屏体底座固定在基础上，所有紧固件应拧紧，同一类螺丝露出螺帽的长度应一致。

（5）屏体内侧面设置截面积 90mm² 及以上规格的铜排作为屏内接地母排，母排应每隔约 50mm、预设 $\phi6\sim10$mm（中心孔宜选 $\phi12$mm）的孔，并配置铜螺栓。应预装门、侧板、框、屏内设备的接地线（设备侧预留）以及屏内接地母排至通信机房地母的主接地线（接母排中间），所有接地线应采用专用双色地线。所有配置的连接线接线端子应采用铜鼻子（端子）压接工艺，热缩套管封口。

（6）屏体抗震加固应符合通信设备安装抗震加固的要求，加固方式应符合施工图的设计要求。

（7）采用上走线方式时，屏体顶部应预留上走线穿孔。

（8）屏体应避免安装在空调出风口正下方。

11.1.3.2　配线系统

（1）ODF宜采用1缆1配（模块），通信站内ODF主要采用12芯单元熔接盘，ODF子框宜采用24、48、72芯等规格，并附带储纤单元。

（2）72芯及以上干线接续分支光缆、OPGW进变电站末端接引入光缆宜采用OPGW专用交接箱，OPGW专用交接箱安装应符合设计相关要求。

（3）DDF宜采用19″（或21″）结构的模块化条形单元，每单元配置10系统或16系统同轴接续组件。主备接入设备应通过不同的DDF单元接在不同的2M接口板上。

（4）NDF宜采用19″（或21″）结构的模块化RJ45插座条形单元，每个单元配置12～24对RJ45插座模块，按照纵列、横排布置。

（5）VDF宜采用19″（或21″）结构的模块单元。音频电缆采用标准色谱线缆进行排序。

11.1.3.3　电缆成端

（1）电缆所有接线均采用压接、焊接、接插件或端子接线（卡接）方式，其外护套、连接线绝缘护套剥离处、压接头子的压接处均应加匹配的热缩套管，热缩套管长度宜统一适中，热缩均匀。

（2）电缆焊接时，芯线焊接端正、牢固，焊锡适量，焊点光滑、不带尖、不成瘤形。

（3）电源电缆成端线头的绝缘护套剥离长度应使露出的金属刚好与端子可靠连接，没有多余裸露。

（4）同轴电缆外皮和内绝缘层开剥时不应伤及屏蔽网和同轴缆芯线。用压线钳将压接管与接地管压接时不应压裂接地管。

（5）双绞电缆成端时，正确区分双绞线的线位色标，成端后应做好标签，屏蔽层应等电位接地。

11.1.3.4 光缆成端

光缆成端工艺应符合设计相关要求。

11.1.3.5 接地

接地应满设计相关要求，接地装置的位置、接地体的埋设深度及接地体和接地线的尺寸应符合设计规定。具体工艺要求如下。

（1）所有电气设备（含 DDF、VDF、屏体），均应装设接地线接至接地母线。接地线应采用带黄绿色标绝缘护套的专用线缆，接地线线径符合防雷接地要求。通信屏内接地母排至通信机房地母的接地线规格不应小于 $25mm^2$，屏内设备至接地母排的接地线不应小于 $2.5mm^2$，其他屏体的接地线可选用 $1.5\sim$ $2.5mm^2$ 规格，过压保护地线不应小于 $4mm^2$ 规格的地线。

（2）接地线连接宜采用螺栓方式固定连接，其工作接触面应涂导电膏。

（3）引入扁钢涂沥青，并用麻布条缠扎，然后在麻布条外面涂沥青保护。扁钢接头搭接长度应大于宽度的两倍。

（4）每套通信电源系统应单点接地，接地点设置在直流电源屏正极汇流排处。

11.1.4 主要设备安装

11.1.4.1 子架设备安装

1．配电单元安装

电源分配单元应安装于机架顶部，与设备正面同侧，并可靠固定在机架上。连接电源分配单元的电缆线（告警输出线、电源线），电源线头开剥部分的长度与插孔深度匹配，目视不应有裸露部分，线头插入接线插孔后用螺钉紧固。通信设备应采用独立的空气开关或直流熔断器供电，禁止多台设备共用一只分路开关或熔断器。

2．传输设备安装

子架在屏体内宜按自上而下的顺序安装，安装前先考虑各种连线的走线方式，子架的接地端子应符合设计文件要求，接地线应与机柜接地母排可靠连接。

子架间保持走线需要的合理间距，宜紧凑布置。子架应牢固、可靠固定在机架上。机盘安装要求如下。

（1）确认各站点设备配置需求和安插槽位符合设计文件要求。

（2）安插机盘前先戴上防静电手环，以免静电损坏机盘。

（3）机盘安插到相应槽位前，仔细检查每块机盘是否有明显的损坏。如发现有损坏的机盘应及时与工厂联系。

（4）在设备电源−48V连接未经检查前，不应把机盘安插到位，以免−48VDC电源极性接反损坏机盘。

3．设备安装注意事项

通信站内主要设备安装时应注意如下事项。

（1）设备应永久性接到保护地，拆除设备时，接地线最后拆除。

（2）禁止破坏接地导体，禁止在未安装接地导体时操作设备。

（3）雷雨天气情况下禁止操作设备和电缆，禁止触摸终端和天线连接器。

（4）禁止裸眼直视光纤出口。

（5）操作设备前，应去除首饰和手表等易导电物体，佩戴防静电手套或手环，并将防静电手套或手环的另一端良好接地。

（6）电缆宜在零度以上进行敷设安装。如果电缆的储存环境温度低于零度，在敷设布放操作前，应将电缆预先移至室温环境下储存24h以上。

11.1.4.2 电源设备安装

组合式通信电源设备的安装步骤：开箱检查、屏体安装、电池上架、屏间连线、整流模块安装、开机调试。要求如下。

（1）电池安装前，先开箱检查电池外观，测试开路电压。

（2）电源连接线径应经过核算，并满足设计要求。

（3）电池应按照图纸上架就位，用标准规格电缆连接各电池及电池巡检仪，多组蓄电池需要按照先串后并的顺序进行连接，电池连接螺栓需按照厂家提供的扭矩值紧固，并使用防腐剂进行防腐处理，单节蓄电池箱体上应贴上标号标签。采用机架或柜内安装的蓄电池宜加装防振条。

（4）安装完成后，对蓄电池组进行核对性充放电试验，确认电池性能指标在正常范围内。

（5）屏间线缆连接应按施工图进行，接线前需将屏体上所有的空气开关断开（熔断器拔出）。

（6）检查屏内及屏间连线正确后方可开机调试。开机调试应从交流输入空气开关、模块输入空气开关、直流输出空气开关的顺序逐个合上空气开关（插入熔丝），空气开关合上之前应测量空气开关上下桩头的电压、相序、正负极等电气参数，确认测量值在合理范围内。蓄电池空气开关（熔丝）合上前应将通信电源浮充电压调整至与电池组开路电压相同。

（7）整流模块安装时，应将对准位置模块缓缓推入，模块插头和屏体上的插座接触良好。将模块放置端正，不倾斜，并固定模块。模块之间没有大的空隙或相互重叠。

（8）根据蓄电池技术参数或设计要求，设置整流模块的浮充电压，均充电压，温度补偿系数。并对电源的告警系统进行功能测试。

11.1.5 标识、标牌要求

通信站标识要求参照 11.3 章节。

11.1.6 验收要求

11.1.6.1 验收一般要求

通信站建设工程随工验收、阶段性（预）验收应包含安装工艺的验收环节，验收主要内容应包括通信站辅助系统、主要设备、标识等安装工艺。本章适用于 SDH 设备、OTN 设备、光路子系统设备、机架、配线架的验收。

1．各阶段验收要求

光传输设备工程验收的组织和管理需符合相关规定，各阶段验收还应符合下列要求。

（1）工厂验收根据合同安排在通信设备出厂前进行。内容包括元器件检查、设备单机、单板技术指标测试及搭建工程模拟环境进行系统性能测试、系统功能检查等。对于外购元器件，宜检查元器件的来料记录及批次检查情况。

（2）随工验收包括设备开箱检验、设备安装工艺检查、单机技术指标测试、中继段及复用段光传输性能测试、施工过程文件检查。验收应逐站、逐项进行。

（3）阶段性（预）验收应在光缆线路和设备安装调试基本完成、配套设施正常投入使用、工程文件基本整理完毕时进行。阶段性（预）验收合格后，电路投入试运行。

验收内容应符合下列要求。

1）检查工程完成情况、测试系统指标。

2）检查工程文件。

3）审议、通过阶段性（预）验收报告。

（4）竣工验收应在试运行阶段结束、遗留问题已有协商一致的处理意见、工程文件整理齐全、技术培训完成时进行。竣工验收合格后，电路投入正式运行。验收内容应符合下列要求。

1）检查复核系统性能技术指标。

2）进行工程建设总结。

3）向生产运行单位办理正式移交手续。

2．光传输设备开箱检验应符合下列规定

（1）根据设备采购合同和设备装箱（验货）清单，对到站设备进行开箱检验。设备的规格、形式、数量应符合设计及合同要求。包装应完好无损，所附标志、产品说明书、合格证等应清晰齐全。对损坏的设备要详细记录并取证（拍照或摄像）。

（2）施工单位根据各站设备开箱检验结果填写设备开箱检验汇总相关表格。

11.1.6.2　SDH设备验收

1．设备单机功能检查及测试项目的规定

（1）电源及设备告警功能检查及测试应按照直流供电、告警功能、保护倒换等项目进行，指标应符合下列规定。

1）电源电压范围应满足设备使用要求。

2）光接口检查与测试应符合现行通信行业标准和相关规定。

（2）电接口功能检查及测试应按照 2Mbit/s 物理接口是否正常、输入信号允许频偏的项目进行，应符合下列规定。

1）检查电接口出厂检验报告，电接口指标应达到设计要求。

2）每块 2M 电路板宜抽测两个 2M 接口。

3）电接口检查与测试应符合现行通信行业标准和相关规定。

（3）以太网接口功能检查及测试应按照最大传送距离、平均发光功率、收信灵敏度、过载光功率等项目进行，应符合下列规定。

1）SDH 设备以太网接口分为：100Mbit/s 自适应电/光接口、100Mbit/s 光接口。SDH 单机以太网接口验收项目包括物理指标测试、透传功能、交换功能测试。

2）以太网接口检查与测试应符合现行通信行业标准相关规定。

（4）设备交叉能力检查及测试指标应符合工程设计规定。

（5）抖动性能测试应按照最大输出抖动、输入抖动容限项目进行，应符合下列规定。

1）抖动性能测试时，仪表抖动测量范围尽量选用小范围测试。

2）对每种不同速率的接口应至少抽测一个，测试时间 60s。

3）SDH 系统 STM-N 和 2M 输出抖动指标、输入口抖动容限指标应符合现行通信行业标准相关规定。

2．系统功能检查及性能测试项目的要求

（1）系统误码性能测试应按照误码秒率、严重误码秒率、背景块误码比项目进行，指标应符合工程设计规定。

（2）时钟选择倒换功能检查应按照线路信号出现 AIS、2Mbit/s 基准时钟丢失项目进行，指标应符合下列规定。设备在外部时钟信号丢失或接收信号出现 AIS 后，应在 10s 内启动倒换，倒换过程中系统不应出现误码。

（3）自动保护倒换功能检查应按照还回功能检查、保护倒换功能检查项目进行，应符合下列规定。

1）检查项目包括保护倒换准则检查和保护倒换时间测试。

2）保护倒换准则检查。当系统发生信号丢失（LOS）、帧丢失（LOF）、告警指示（AIS）、误码超过门限、指针丢失（LOP）等上述任一故障时系统应进行自动保护倒换。

3）保护倒换时间规定。系统自动保护倒换应在检测到信号失效（SF）或信号劣化（SD）条件后 50ms 内完成。环状网上无预先桥接请求，且光纤长度小于 1200km，则倒换时间应小于 50ms，保护倒换时间测试为选测项目。

4）环回功能检查。应对不同速率信号分别按设备内部环回和外部环回方式，检查近端和远端环回情况。设备外部环回可在设备的相应接口或 ODF、DDF 配线架上进行。

（4）依据设备单机测试记录，核查每条链路光通道传输储备电平值是否符合设计要求。光通道传输电平核查发信端电平、光缆衰耗长度、收信端电平等。

3．网管系统检查内容的要求

（1）根据采购合同，核对网管系统状、硬件配置。

（2）网元管理系统、网格/子网、本地维护终端功能检查应按照硬件检测、网元级项目进行，应符合下列规定。

1）功能检查中的安全管理、故障管理、性能管理、配置管理应符合现行通信行业标准相关规定。

2）网管系统北向接口功能测试应符合工程设计规定，功能检查还应根据设计文件和合同中技术规范书的规定进行网管其他功能的核查。

3）网管软件应具有软件安装、升级向导功能，能生成相应的日志文件，并具备对系统不同模块当前运行状态、软件版本号的查询、统计功能，对不同模块软件补丁的增加、删除、查询等功能。

4）网管系统故障脱管时，不影响网元设备与已配置电路的正常运行。

11.1.6.3　电力系统 OTN 设备验收

（1）设备单机功能检查及测试应符合现行电力行业标准相关要求规定。

1）电源及设备告警功能检查及测试应按照主控板 1+1 保护功能测试、电源性能测试、电源 1+1 保护功能测试、交叉 1+1 保护功能测试项目进行，应符合下列规定。

a. 主控 1+1 保护功能测试应符合设备技术规定。

b. 电源性能测试应满足设备使用要求。

c. 电源 1+1 保护功能测试应符合设备技术规定。

d. 交叉 1+1 保护倒换时设备应能正常工作。

2）光接口检查及测试应按照平均发送光功率、接收光功率、接收灵敏度测试。项目进行，应符合下列规定。

（2）光监控信道测试应按照平均发送光功率、接收光功率项目进行，指标应符合设计规定。

（3）分、合波板插入损耗测试应按照分波插入损耗测试、合波插入损耗测试项目进行，指标应符合设计规定。

（4）设备告警功能检查包括电源故障、机盘故障、机盘缺失、信号丢失（LOS）、自动激光器关闭（ALS），告警功能应正常。

（5）设备交叉能力测试指标应符合工程设计规定。

（6）合/分波板相邻通道隔离度测试、分波板谱宽测试检查设备出厂测试报告。指标应符合现行电力行业标准和相关规定。

（7）系统功能检查及性能测试项目应符合下列规定。

（8）传输性能测试包括单通路接收功率和 OSNR 指标测试，应按照单通路接收功率及功率差、单通路 OSNR 项目进行，指标应符合设计规定。

（9）保护倒换功能测试应符合下列规定。

1）线性保护测试，包括光层保护（OLP、OMSP、OCP）与电层保护［ODUK SNCP、PWAPS（可选）］，测试项目应按照 SNCP 保护功能及倒换、OMSP 保护功能及倒换项目进行。

2）环网保护测试，含光通道共享保护环、ODUK 环网保护和 ERPS 环保护（可选）。

3）多层保护测试项目应按照多功能保护功能及倒换项目进行。

（10）业务性能测试应符合下列规定。

1）长期误码性能—光通道误码性能、光复用段的长期误码性能测试结果应符合现行电力行业标准的相关规定。单个光复用段内组成的光通道指标应符合相应的光复用段要求，光通道的短期误码性能 24h 误码率为 0，测试项目按照误码秒率、严重误码秒率、背景块误码比项目进行。

2）光信噪比性能测试结果应符合现行电力行业标准的相关规定。

3）以太网性能测试与检查应按照丢包率、吞吐量、过载丢包率、时延项目进行，指标应符合设计文件要求。

4）时钟同步性能测试结果应符合现行电力行业标准的相关规定。

5）光转发单元的抖动指标、网络接口抖动和漂移容限应符合现行电力行业标准相关规定，测试项目应按照最大输出抖动、输入抖动容限项目进行。

（11）网管系统检查应符合下列规定：

1）网管系统软、硬件配置应符合采购合同规定，网管告警功能测试项目应按照以太网客户层告警、SDH 客户层告警、ODUk 子层告警、OTUk 子层告警、OCh 子层告警、OTS 层告警、光监控通路告警、硬件设备告警、外部环境告警项目进行。

2）网管系统安全管理功能，告警管理功能、性能管理功能、配置管理功能、网管数据通道保护功能及主备网管服务器倒换功能检查应符合现行电力行业标准相关规定。

3）功能检查还应根据设计文件和合同中技术规范书的规定进行网管其他功能的核查。

4）对于主备配置的网管服务器，应进行主备倒换功能测试，并检查网管系统数据库中的数据是否正常。

5）网管系统北向接口功能测试应符合工程设计规定。

6）检查远方操作终端（×终端）网络管理功能、维护终端（LCT）管理功能，重点检查客户端的功能是否齐全。

11.1.6.4　光路子系统设备验收

（1）设备单机功能检查及测试应符合下列规定。

1）电源功能检查及测试应指标应符合设计文件要求。

2）FEC 光接口检查及测试应按照主备通道用户侧平均发送光功率、用户侧接收光功率、用户侧接收灵敏度、线路侧接收光功率、线路侧接收灵敏度项目进行，指标应符合设计文件要求。

3）EDFA 单板功能检查及测试应按照主备通道发信收信光功率项目进行，指标应符合设计文件要求。

4）拉曼放大器单板功能检查及测试应按照主备通道发信收信光功率项目进行，指标应符合设计文件要求。

5）色散补偿设备功能检查及测试应按照主备通道发信收信光功率项目进行，指标应符合设计文件要求。

6）遥泵放大器功能检查及测试应按照主备通道发信收信光功率项目进行，指标应符合设计文件要求。

（2）光路子系统传输性能及 24h 误码性能测试应按照主备通道发信收信光功率、线路损坏、误码项目进行，指标应符合设计文件要求。

（3）网管系统检查应符合下列规定。

1）根据设备采购合同，核对网管软、硬件配置情况。

2）网管的安全管理功能、告警管理功能、性能管理功能、配置管理功能检查应按照性能管理功能、告警管理功能、配置管理功能、安全管理功能项目进行，检查结果应符合设计文件和合同中的技术规范书的规定。

11.1.6.5　机架安装验收

（1）机装安装位置、子架面板布置应符合施工设计要求。

（2）机架安装应端正牢固，垂直方向允许偏差为 3mm，水平方向允许偏差为 2mm。

（3）同列机架正面应平齐，无明显参差不齐现象，机架间隙允许偏差为 3mm。

（4）机架的固定及抗震措施应符合施工设计要求。

（5）机架上所有紧固件必须拧紧，同一类螺栓露出螺母的长度应基本一致。

（6）子架与机架连接应符合设备装配要求，子架应安装牢固、排列整齐，接插件应安装紧密，接触良好。

（7）缆线布放及成端检查应符合下列规定。

1）机架内所布放的各种缆线（包括电源线、接地线、通信线缆等）的规格及技术指标应符合设计要求。

2）各种通信线缆应加装标识。

3）电源线中间不得有接头。应使用统一的不同颜色的缆线区分直流电源的极性。电源线额定载流量不应小于设备使用电流的 1.5～2 倍。

4）接地线颜色应统一，应与电缆线颜色有明显区别。机架接地线应通过压接式接线端子与机房接地网的接地桩头连接，连接后接地桩头应采取防锈措施处理。

5）同轴电缆成端后缆线预留长度应整齐、统一。电缆各层开剥尺寸应与电缆头相应部分相匹配。电缆芯线焊接接应端正、牢固，焊剂适量，焊点光滑、不带尖、不成瘤形。电缆剖头处加装热缩套管时，热缩套管长度应统一适中、热缩均匀。同轴电缆插头的组装配件应齐全、位置正确、装配牢固。

6）机架内各种缆线应使用活扣扎带统一编扎，活扣扎带间距为 10～20cm，编扎后的缆线应顺直、松紧适度、无明显扭绞。

（8）机架安装质量检查应按站填写，应对机架安装位置、安装倾斜度、机架排列间隙、全列偏差度、安装固定方式、防震措施、缆线槽道、子架安装位置、电源线缆颜色型号、接地线缆颜色、光缆弯曲半径、综合布线、缆线焊接质量等检查。

11.1.6.6 配线架安装验收

（1）配线架为单独机架时，机架安装及架内缆线布放质量应符合布线要求。

（2）数字配线架应根据设备 2M 接口板的 2M 通道数量进行全额配线，2M

接线端子应加装编号标识。

（3）带金属铠装的缆线从机房外接入配线架时，缆线外铠装应与机架地线相连接，音频电缆、芯线应经过过电流、过电压保护装置方能接入设备。

（4）配线架安装质量检查应按线缆布放、排列、捆扎缆线焊接、标签标识等项目检查。

11.1.6.7 通信电源系统验收

1．一般规定

（1）本章内容适用于光纤通信工程配套的配电及整流设备、蓄电池组及电源监控系统的验收。

（2）通信电源系统验收的组织和管理应符合下列要求。

1）通信电源出厂前根据合同安排工厂验收。验收内容包括元器件检查、走线工艺检查、电压电流测试。工厂验收结束后，验收测试组提交工厂验收报告，确保验收不合格的产品不准许出厂。

2）随工验收包括开箱检验、设备安装工艺检查、功能检查及技术指标测试。

3）阶段性（预）验收包括对随工验收测试检查结果进行检查和抽测，检查工程文件的完整性、准确性。

4）竣工验收包括在试运行通过后，检查阶段性（预）验收记录，进行工程文件移交。

（3）通信电源开始检验应符合下列规定。

1）根据电源采购合同和设备装箱（验货）清单对到站设备进行开箱检验。电源设备及蓄电池的规格、型式、数量应符合设计及合同要求，包装应完好无损，所附标志、产品说明书、合格证等应清晰齐全，对损坏的设备要详细记录并取证（拍照或录像）。

2）施工单位根据各站设备开箱检验结果填写设备开箱检验汇总表，开箱检验汇总表应齐全。

2．配电及整流设备检查

（1）交流配电设备检查应符合下列规定。

1）检查两路交流输入自动切换功能，当一路交流失电时应能自动切换到另一路。

2）交流失电、缺相，应送出遥信信号。

3）检查防雷器件与熔断器均应为正常状态。

4）交流配电设备检测应按照相地绝缘电阻、两路电源输入自动切换、电气参数显示准确、监控接口、防雷保护项目进行。

（2）直流配电设备检查应符合下列规定。

1）直流输出电压过高、过低时，应送出通信信号。

2）输出电压、电流应符合设计要求。

3）每台设备由独立的分路开关或熔断器供电。

4）直流配电设备检测应按照输入电压显示、输出电流显示、检查开关数量、容量、告警功能、监控接口等项目进行。

（3）整流设备检查应符合下列规定。

1）浮充和均充电压的设定值应满足蓄电池的正常运行要求。

2）整流设备检查应包括输入输出电压电流、电流保护、电压保护、均流特性、浮均充电性能、监控功能。

3．蓄电池组检查

（1）电池架（柜）的材质、规格、承重、排列位置应满足设计要求。

（2）蓄电池的型号、规格、数量应满足设计要求。还应符合下列规定。

1）电池外壳、安全阀及滤气帽不应有损坏现象。

2）连接螺栓、螺母应拧紧，并应加装塑料盒盖或在螺栓、螺母上涂一层防氧化物。

3）电池架和电池体外侧应有编号标志。

4）蓄电池监测器件安装位置、固定方式应满足设计要求。

蓄电池安装完毕，应按产品技术说明书进行充、放电和容量测试。

4．通信电源监控系统检查

（1）通信电源监控系统主设备及外围设备的配置应满足设计要求。监控系统应采用不间断电源供电。

（2）通信电源监控系统检查应符合下列规定。

1）交流配电监控功能。遥信信号包括交流停电、过电压、欠电压、缺相告警。遥测信号包括输入电压、电流。

2）直流配电监控功能。为过电压、过电流、熔丝、欠电压告警。遥测信号为直流电压、各蓄电池组电流、负载电流。

3）高频开关整流设备监控功能。遥信信号为整流模块故障、直流输出过电压及欠电压、设备温度告警。遥测信号为各模块输出电流以及总输出电压和电流。

4）遥信/遥测信号应传送到监控中心。

5）监控系统的任何故障不得影响被监控设备的正常工作，监控系统的局部故障不得影响监控系统其他部分的正常工作。

6）通信电源集中监控系统检验应该按照信号传输、交流配电遥信遥测、直流配电遥信遥测、整流设备遥信遥测项目进行。

11.2 通信光缆安装工艺

11.2.1 电力通信光缆种类

（1）普通架空光缆：利用电力杆路资源通过吊线形式进行敷设的光缆。

（2）管道光缆：敷设于各类管道中的光缆。

（3）直埋光缆：外部有钢带或钢丝的铠装，直接埋设在地下，具有抵抗外界机械损伤和防止土壤腐蚀性能的光缆。

（4）海底光缆：敷设于海底的光缆。

（5）光纤复合低压电缆：将光纤组合在电力电缆的结构层中，使其同时具有电力传输和光纤通信功能的电缆。

（6）电力特种光缆：有别于传统光缆的附加于电力线或加挂于电力杆塔上的光缆，包括 OPGW、ADSS 和 OPPC 等。

11.2.2 光缆敷设准备

11.2.2.1 路由复核要求

（1）光缆敷设前应进行路由复核，路由复核以批准的设计施工图为依据，并参考当地微地形微气象信息，降低不利气候因素影响。

（2）按设计要求核定光缆路由走向、敷设方式以及环境条件。

（3）核定穿越铁路、公路、河流以及其他障碍物的地段、措施及实施可行性。

（4）核定光缆线路与其他建筑物、线路交叉跨越间距。

（5）初步确定光缆施工分屯点（光缆检验地点或存放地点）的设置和位置。

（6）初步确定牵引场、张力场位置，牵引场、张力场应交通便利，场地地形及面积满足设备、线缆布置及施工操作的要求。

11.2.2.2 开箱检验要求

（1）检查缆盘、光缆外观是否完好无损，光缆端头是否封装良好，所附标志、标签内容是否清晰、齐全。

（2）检查光缆、金具及附件的型号、规格、数量是否符合设计规定和订货合同要求。

（3）检查光缆、金具及附件的出厂质量检验合格证和性能检测报告是否齐全。

（4）收集出厂检测报告、合格证等资料，根据开箱检验结果填写开箱检验记录，对损坏的光缆应做详细记录并取证（拍照或摄像）存档。

11.2.2.3 单盘测试要求

（1）光缆在现场应进行单盘测试。

（2）单盘测试包括光缆盘长、光纤衰减指标等测试，测试结果应符合设计规定和订货合同要求。

（3）每盘光缆的光纤应全部测试，供货方代表应到现场确认测试结果。

（4）根据单盘测试结果填写光缆单盘测试记录，单盘测试结果应符合 DL/T 5344—2018《电力光纤通信工程验收规范》相关规定要求，光缆应做详细记录并取证（拍照或摄像）存档。

（5）单盘测试合格后应及时恢复包装，包括光缆端头密封处理及固定、缆盘护板重新封装等。

11.2.3 光缆敷设安装

因光缆类型较多，本节主要讲述 OPGW 光缆安装工艺，OPGW 光缆安装工艺多样复杂，要求较高，其他类型光缆大致相同。

11.2.3.1 OPGW 敷设要求

（1）OPGW 敷设最小弯曲半径应大于 40 倍光缆直径。

（2）直通型耐张杆塔跳线从地线支架下方通过时，弧垂应为 300～500mm。从地线支架上方通过时，弧垂应为 150～200mm。

11.2.3.2 OPGW 接地安装要求

（1）采用逐塔接地方式时，接地线采用并沟线夹与光缆连接，另一端安装在铁塔或构架主材接地孔上。直线塔和直通型耐张塔使用单根接地线，接续型杆塔使用两根接地线，分别安装在铁塔小号侧和大号侧。接地线安装应长短适宜，无硬弯或扭曲，连接部位应接触良好，直线塔及非接续耐张塔的接地线统一安装在铁塔大号侧，保持全线统一。

（2）采用分段绝缘方式架设的输电线路 OPGW，绝缘段应与架构保持的绝缘距离应满足运行要求，接地点与架构可靠连接。在一个不开断的 OPGW 耐张段，采用分段绝缘，单点接地时，可分为如下几种方式。

方式一：接续塔一侧接地，另一侧绝缘。采用方式一时，OPGW 一端采用绝缘金具绝缘引下，另一端采用专用接地线接地并引下，通过绝缘接续装置进行电气隔离并完成光纤接续。在非接续塔上，OPGW 采用带放电间隔的绝缘子与杆塔绝缘。

方式二：接续塔两侧全绝缘，中间直线塔接地。采用方式二时，在接续塔上，OPGW 两端均采用绝缘金具进行绝缘引下，通过绝缘接续装置进行电气隔离并完成光纤接续。在两个接续塔中间位置选择一基铁塔采用专用接地线接地。在其他非接续塔上，OPGW 采用带放电间隙绝缘子与杆塔绝缘。

方式三：一端接续塔两侧全接地，另一端接续塔两侧全绝缘在接续塔上。采用方式三时，在全绝缘接续塔上，OPGW 两端均采用绝缘金具进行绝缘引下，通过绝缘接续装置进行电气隔离并完成光纤接续。在全接地接续塔上，OPGW 两端均采用专用接地线接地并引下，通过普通接续盒完成光纤接续。在非接续塔上，OPGW 采用带放电间隔绝缘子与杆塔绝缘。

11.2.3.3 导引光缆安装要求

（1）导引光缆应采用非金属防火阻燃光缆，并在沟道内全程穿放阻燃防护子管或使用防火槽盒，在门型架至电缆沟地埋部分应全程穿热镀锌钢管保护，钢管应全部密闭，需焊接部分应使用套焊并在焊接处做防水处理。钢管埋设路径上应设置地埋光缆标示或标牌，钢管出地面部分应与架构牢固固定，钢管出口应使用防火泥或专用封堵盒进行防水封堵。钢管直径不小于 50mm，且与接地网有效连接。钢管弯曲半径不小于 15 倍钢管直径，且使用弯管机制作。

（2）导引光缆在电缆沟内穿阻燃子管保护并分段固定在支架上，保护管直径不小于 35mm。

（3）导引光缆在两端和沟道转弯处设置醒目标识。

（4）导引光缆敷设弯曲半径不小于 25 倍光缆直径。

（5）小动物活动频繁区域的导引光缆余缆和接续盒等不能裸露在外，应固定在地面的余缆箱内，避免导引非金属光缆被小动物外力破坏。

11.2.4 光缆接续注意事项

11.2.4.1 光缆接续一般工艺要求

（1）光纤单点双向平均熔接损耗应小于 0.05dB，最大不超过 0.1dB，全程大于 0.05dB 接头比例应小于 10%。

（2）光缆接续盒密封性能良好、体积小且易于放置和保护。

（3）OPPC 光纤接续涉及光纤接续和光电分离绝缘技术，应由专业人员进行接续。

（4）光缆接续作业应连续完成，不任意中断。

（5）接续前应检查熔接机性能，选择适合的接续模式及参数，必要时应对熔接机进行维护和清洁。

（6）光缆接续应选择空气干燥及清洁场所进行，当遇到极寒低温时，应采取升温措施。

11.2.4.2 光缆开剥及固定要求

（1）去除光缆前端牵引时直接受力的部位。

（2）根据光缆在接续盒的固定位置及盘纤余量需要确定开剥的光缆外护层（或外层绞线）的长度并做好标记，采用滚刀等专业工具切除光缆外护层（或外层绞线）。

（3）仔细辨认并切除内层光缆填充管（或绞线），保留光纤套管（或光单元管）并及时清理光纤套管（或光单元管）上的油膏。

（4）根据光缆加强件固定位置预留加强件长度并切除多余的光缆加强件。

（5）在熔接台上将光缆固定，避免光缆扭转。

（6）用专业工具切除光纤套管（或光单元管）并及时清理光纤上的油膏，应避免在去除光纤套管（或光单元管）过程中损伤光纤。

11.2.4.3 光纤熔接要求

（1）正确区分两侧光缆中光纤排列顺序，确定光纤熔接顺序，并符合设计规定。

（2）在光纤上加套带有钢丝的热缩套管。

（3）除去光纤涂覆层，用被覆钳垂直钳住光纤快速剥除 20～30mm 长的一次涂覆和二次涂覆层，用酒精棉球或镜头纸将纤芯擦拭干净。剥除涂覆层时应避免损伤光纤。

（4）制备的端面应平整，无毛刺、无缺损，与轴线垂直，呈现一个光滑平整的镜面区，并保持清洁。

（5）取光纤时，光纤端面不碰触任何物体。端面制作好的光纤应及时放入已清洁好的熔接机 V 型槽内，并及时盖好熔接机防尘盖，放入熔接机 V 型槽时光纤端面不触及 V 型槽底和电极，避免损伤光纤端面。

（6）光纤熔接时，应仔细观察熔接过程，并根据自动熔接机上显示的熔接损耗值判断光纤熔接质量，不合格应重新熔接。

（7）用 OTDR 对接续性能进行监测及评定，符合接续指标后立即热熔热缩套管，热缩套管收缩应均匀、管中无气泡。

（8）在全部纤芯接续完毕接续盒封闭后，应用 OTDR 进行复测，不合格应重新接续。

（9）盘纤及接续盒封装要求如下。

1）光缆进入接续盒应固定牢靠，加强件牢固固定，确保光缆在接头盒压接固定处受力均匀，避免光缆扭转。光纤套管（或光单元管）进入余纤盘应固定牢靠。

2）光纤接头应固定，排列整齐。接续盒内余纤盘绕应正确有序，且每圈大小基本一致，弯曲半径不小于 40mm。余纤盘绕后宜加缓冲衬垫，以防跳纤扭绞挤压造成断纤。

3）光缆接续完成后进行接续盒的封装，在盒体封装前将密封条嵌入盒体四周的密封槽内，并用密封胶封堵光缆出入孔，再将接续盒上盖合上，安装盒体紧固件并旋紧紧固螺栓，使接续盒上下紧密闭合。接续盒封装应密封良好，做好防水、防潮措施。

11.2.4.4 接续盒安装及余缆整理要求

（1）普通架空光缆接续盒应固定在电杆或吊线上。管道光缆接续盒应固定在人孔壁上。

（2）余缆盘绕应整齐有序，不能交叉扭曲受力，捆绑点均匀分布不少于 4 处。每条光缆盘留量不小于光缆放至地面加 5m，并符合设计规定。

（3）光缆接续盒安装固定完毕，应用 OTDR 进行光纤复测，不合格应重新接续。

11.2.5 全程测试

光缆安装后应进行全程测试，测试结果应及时记录，并作为竣工资料一起移交。

11.2.6 标识、标牌

光缆标识要求参照 11.3 章节。

11.2.7 光缆验收

11.2.7.1 光缆验收一般要求

（1）光缆建设工程随工验收、阶段性（预）验收应包含安装工艺的验收环节，验收主要内容应包括：光缆敷设、附件安装、光缆接续、标识标牌、施工工艺及质量控制工程管理文件等。

（2）此处的光缆验收适用于光纤复合架空地线（OPGW）、全介质自承式光缆（ADSS）的验收。

（3）光缆验收规范了电力光缆线路工程中直接影响通信工程质量部分的验收，光缆敷设安装、光纤接续、全程测试、标识标牌制作等内容应符合相关规定，其他部分应符合输电线路验收的有关规定。

（4）光缆验收内容包括 OPGW、ADSS 等电力光缆线路和导引光缆的工程质量和工程文件。

（5）光缆线路工程验收的组织和管理应符合下列要求。

1）工厂验收和到货送检内容应符合下列要求。

a）工厂验收和到货送检可视光缆工程项目情况进行工厂验收和到货送检。

b）工厂验收和到货送检方法及技术指标应符合现行电力行业标准相关规定。

2）随工验收内容应符合下列要求。

a）现场开箱检验光缆及金具。

b）单盘测试光缆。

c）检查光缆、金具、接续盒及余缆架安装质量。

d）检查分流线安装质量。

e）检查导引光缆敷设安装质量。

f）检查机房内光纤配线设备安装质量。

3）阶段性（预）验收内容应符合下列要求。

a）检查随工验收的各项质量记录及有关问题的处理情况。

b）根据施工图设计，复核光缆走向、敷设方式、接续盒和余缆设置及环境条件（如 ADSS 跨越建、构筑物的安全距离）等。

c）检测中继段光路指标。

d）检查光缆线路配盘图、配线表。

e）检查工程文件的完整、准确性。

4）竣工验收内容和应符合下列要求。

a）检查中继段光缆指标测试记录。

b）进行工程移交。

11.2.7.2　OPGW 线路验收

1．开箱检验规定

（1）应按采购合同对光缆、金具进行开箱检验、光缆、光缆金具的规格、形式、数量应符合设计及合同要求。包装应完好无损，光缆端头应包装完好，所附标志、标签内容应清晰齐全。对损坏的光缆及金具应详细记录并取证（拍照或摄像）。

（2）光缆接续盒、ODF 终端盒及其配套材料的型号、规格，应符合设计要求。接续盒应不变形、不龟裂，包装应完好无损。

（3）尾纤、光纤连接器及其他器材运到现场后，应及时清点，器材数量、规格应符合设计要求。

（4）施工单位应收集出厂检验合格证、检测报告等资料：根据光缆、金具及配套材料开箱检验结果填写设备开箱检验记录表。

（5）开箱检验应符合现行电力行业标准相关规定。

2．单盘测试规定

（1）宜使用 OTDR 对光缆盘长、光纤衰减指标、后向散射曲线进行逐纤测试。后向散射曲线应有良好线形且无明显台阶，光缆盘长不应有负公差。

（2）测试结果应符合合同要求。

（3）应符合现行电力行业标准的相关规定。

3．光缆架设和敷设规定

（1）光缆架设后不得出现光缆外层明显单丝损伤、扭曲、折弯、挤压、松股、呈鸟笼状、光纤回缩等现象。

（2）直通型耐张杆塔跳线从地线支架下方通过时，弧垂应为300～500mm。从地线支架上方通过时，弧垂应为150～200mm。

（3）光缆与接地线采用并沟线夹连接，光缆和接地线应平行嵌入并沟线夹的双槽内，接地线一端安装在铁塔主材接地孔上，接地线安装应平滑美观，长短适宜，不应有硬弯或扭曲，链接部位应接触良好。

（4）OPGW光缆线路应绘制光缆线路配盘图，图中应标有杆塔编号、光缆长度、光缆挂高、接续盒挂高等参数。

（5）OPGW光缆线路应绘制包含A端ODF到B端ODF沿线所有接续点的光缆线路熔接电配纤图。

4．光缆配套金具安装规定

（1）耐张预绞丝缠绕间隙均匀，绞丝末端应与光缆相吻合，预绞丝不得受损。

（2）悬垂线夹顶绞丝间隙均匀，不得交叉，金具串应垂直于地面，顺线路方向偏移角度允许偏差为5°，且偏移量允许偏差为100mm。

（3）防振锤安装距离允许偏差为30mm，安装位置、数量、方向、锤头朝向和螺栓紧固力矩应符合设计要求。

（4）螺栓、销钉、弹簧销子穿入方向：顺线路方向宜向受电侧，横线路方向宜由内向外，垂直方向宜由上向下。

（5）金具上的开口销子直径应与孔径配合，开口角度不应小于60°，弹力适度。

（6）专用接地线连接部位应接触良好。专用接地线的承载截面应符合短路电流热容量的要求。

5．引下光缆规定

（1）引下光缆路径应符合设计要求。

（2）引下光缆应顺直美观，每隔1.5～2m安装一个固定绝缘卡具，引下光缆与铁塔或构架本体间距不应小于50mm。

（3）引下光缆弯曲半径不应小于20倍的光缆直径。

（4）光缆进站接地应采用可靠接地方式，至少两点接地，分别在构架顶端、下端固定点（余缆前）通过匹配的专用接地线或截面积相同的 OPGW 光缆余料可靠接地。当采用三点接地时，第三接地点应设置在余缆后。

6．余缆架（箱）安装规定

（1）余缆架应使用钢抱箍固定。对于铁塔，应安装于铁塔底部的第一个横隔面上。对于水泥杆，应安装于导线横担下方 5～6m。对于龙门构架，余缆架底部距离地面宜为 1.5～2m。

（2）站内采用落地余缆箱安装时，光缆由龙门构架引下至电缆沟，地埋部分应穿热镀锌钢管保护，并穿绝缘套管进行绝缘，两端做防水封堵。余缆箱、钢管与站内接地网应可靠连接，钢管直径不应小于 50mm，绝缘套管直径不应小于 32mm，钢管弯曲半径不应小于 15 倍钢管直径。

（3）余缆盘绕应整齐有序，不得交叉和扭曲受力，捆绑应采用不锈钢带，且应不少于 4 处捆扎。每条光缆盘留量不应小于光缆放至地面加 5m。

7．接续盒安装规定

（1）接续盒熔纤盘内的接续用光纤盘留量不应小于 500mm，弯曲半径不应小于 30mm。

（2）接续盒安装高度应符合设计要求，终端接续盒安装位置宜在余缆架顶端上方不小于 0.5m。

（3）接续盒宜采用不锈钢等耐腐蚀材料捆扎固定在杆塔上，安装固定可靠、无松动，防水密封措施良好。帽式接续盒安装应垂直于地面，卧式接续盒应平行于地面。

（4）直接连通的同规格光缆光纤接续色谱应保持一致。

（5）接续盒封合前，应对熔纤盘的接续及盘纤情况进行拍照，标明杆塔编号，作为验收资料。

（6）接续盒外应有相应的标识。

8．导引光缆规定

（1）进入机房的导引光缆应采用具有阻燃、防水功能的非金属光缆。

（2）由接续盒引下的导引光缆至电缆沟地埋部分应穿热镀锌钢管保护，钢管两端做防水封堵，地埋部分每隔 2～3m 设置标志桩。

（3）光缆在电缆沟内应穿阻燃子管保护并每隔 1～2m 绑扎固定在支架上，保护管内径不应小于 32mm。继电保护用子管宜采用不同颜色，与其他子管加以区别。

（4）光缆在直线段每隔 10m、两端、转弯处以及穿墙洞处应设置明显标识。

（5）光缆敷设弯曲半径不应小于缆径的 25 倍。

9．光纤配线架（ODF）安装规定

（1）ODF 安装位置应符合设计要求。

（2）光缆进入 ODF 架后，应可靠固定。

（3）光纤成端应按纤序规定与尾纤熔接。

（4）熔纤盘内接续光纤单端盘留量不应小于 500mm，弯曲半径不应小于 30mm。

（5）室内软光缆（尾纤）弯曲静态半径不应小于缆径的 10 倍，动态弯曲半径不应小于缆径的 20 倍。

（6）光纤连接线用活扣扎带绑扎，松紧适度。

（7）标识应整齐、清晰、准确。

（8）室内终端盒安装应固定可靠，并应采取防水、防潮等措施。

10．全程测试规定

（1）光缆施工完毕后应进行双向全程测试，测试内容包括：全程光路衰耗、光纤排序核对、光缆线路后向散射曲线。

（2）光缆全程衰耗测试及排序核对应使用光源、光功率计，应采取双方向测量并取其平均值的方式。线路衰减应符合设计规定。

（3）光缆线路后向散射曲线应使用 OTDR，应提供后向散射信号曲线及事件表，后向散射曲线应有良好线形且无明显台阶，接续部位应无异常。

（4）验收记录应包括：光缆现场单盘开箱检验记录、金具及附件现场开箱检验记录、光缆单盘测试记录、单盘施工质量检验记录、导引光缆安装记录、光纤配线架（ODF）安装质量记录、光缆全程单向衰耗测试记录。

11.2.7.3　ADSS 线路验收

（1）ADSS 光缆开箱检验、单盘测试与 OPGW 光缆类似在此不再重复叙述。ADSS 光缆架设应符合下列规定。

1）光缆架设和敷设宜采用张力放线。

2）光缆架设和敷设最小弯曲半径应符合相关规定。

3）杆塔上光缆跳线应自然大弧度过渡，并应安装 2～3 个固定线夹。

4）光缆外护套不应有损伤、扭曲、鼓泡、挤压等现象。

5）光缆在水平和垂直两个方向上的投影不应与导线和地线出现交叉。

6）光缆在水平和垂直两个方向上的投影布应与导线和地线出现交叉。

7）光缆线路与被跨越物间的距离应符合现行电力行业标准相关规定。

8）应绘制光缆线路配盘图，图中应标有杆塔编号、光缆长度、光缆挂高、接续盒挂高等参数。

9）应绘制包含光缆始末端沿线所有接续点的光缆线路熔接点配纤图。

（2）光缆配套金具安装应符合下列规定。

1）耐张预绞丝缠绕间隙均匀，绞丝末端应与光缆相吻合，预绞丝不得受损。

2）悬垂线夹预绞丝间隙均匀，不得交叉，金具串应垂直于地面，顺线路方向偏移角度允许偏差为 5°，且偏移量允许偏差为 100mm。

3）防振锤安装距离允许偏差为 30mm，安装位置、数量、方向、锤头朝向和螺栓紧固力矩应符合设计要求。

4）防振鞭应根据设计要求安装，多根可并联或串联安装。防振鞭与金属预绞丝末端应保持适当距离。

5）所有的内绞丝尾段应对齐，允许偏差为 50mm。

（3）引下光缆应符合下列规定。

1）引下光缆路径应符合设计要求。

2）引下光缆应顺直美观，每隔 1.5～2m 安装一个固定卡具，引下光缆与铁塔或构架本体间距不应小于 50mm。

3）引下光缆弯曲半径不应小于 25 倍的光缆直径。

4）光缆引下至电缆沟地埋部分应穿热镀锌钢管保护，两端做防水封堵，钢管与站内接地网应可靠连接。钢管直径不应小于 50mm，地面部分钢管长度不应小于 1.2m，钢管弯曲半径不应小于 15 倍钢管直径，且应使用弯管器具制作。

5）光缆在电缆沟内应穿阻燃子管保护并每隔 1～2m 绑扎固定在支架上，保护管内径不应小于 32mm。

6）光缆在直线段每隔 10m、两端、转弯处以及穿墙洞处应设置明显标识。

7）余缆架（箱）安装、接续盒安装、光纤配线架（ODF）安装、ADSS 全程测试、导引光缆与 OPGW 光缆验收类似，在此不再叙述。

8）ADSS 光缆可直接进入机房，需穿保护子管并做好封堵。

11.3　通信设施标签标识规范

通信设施标签标识规范旨在适应电力企业通信运维同质化发展需要，规范通信系统标签标识标志。在电力通信机房建立统一、简明、实用的标识体系，通过进一步规范电力企业通信设备、线缆等基础设施的标识，提供标准的通信系统运行环境，并在日常工作中逐渐推广规范性标识，提高工程建设、项目验收、计划检修、日常维护、故障处理等工作水平，为电力安全生产提供有力的保障，提升通信系统运维服务质量。

通信设施标签标识规范的对象为电力通信通信资源，包括：独立通信机房、通信设备、配线架、电源、线缆、光缆、基础配套设施、线路、通信电源设备标签标识的内容和形式。

11.3.1　通信站标识规范

11.3.1.1　机房标识

1．适用范围

本节机房是指包含在站点内的安装有通信主设备以及电源、配线等辅助设施的房间。通信机房包含各电压等级的变电站、中心站、发电厂、独立通信站内的独立通信机房、独立通信电池室。

注：如机房所在变电站有统一规范样式，则参照变电站规范样式执行。

2．位置

在独立机房大门或门边安装，距离地面高度为1.6～1.8m处。

3．内容

命名规则：电力企业LOGO；电力企业名称＋通信站名称＋机房名称；运维单位；联系电话。

4．释义

（1）电力企业名称：该机房所属电力企业名称，如×××电力企业。

（2）机房名称：机房内安装的主要设备类型，如传输机房、光纤机房、电源机房、交换机房、网络机房、配线机房、综合机房等。

（3）联系电话。

（4）字体：汉字为黑体，字母及数字为Times New Roman，字体颜色为黑色。

（5）尺寸：104mm（宽度）×280mm（长度）。

（6）类型：粘贴型标签，标签底色使用白色。

（7）通信机房标识范例如图11-1所示。

××公司××站××通信机房

运维单位：×××× 联系电话：××××××××

图11-1　通信机房标识范例

11.3.1.2　机柜标识

1．适用范围

本节是指用于安放通信主设备以及电源、配线等辅助设施的柜、架等独立物理设施。

注：如机柜所在变电站有统一规范样式，可参照变电站规范样式执行。

2．位置

标识位置固定在设备屏柜的机架顶部门楣上方。变电站内等非独立通信机房的通信机柜的标识固定位置应符合机房的统一要求。

3．内容

（1）机柜为通信主设备类。

命名规则：传输系统＋设备品牌＋设备型号。

名词解释：

传输系统：SDH 光通信网、OTN 光通信网、IMS 系统、同步时钟系统、数据通信网、无线专网业务承载网、网管网系统。

（2）机柜为辅助设备类。

1）命名规则：设备屏名称＋编号。

设备屏：通信综合配线屏（架）、通信光纤配线屏（架）、通信数字配线屏（架）、通信音频配线屏（架）、通信电源设备屏、通信开关电源屏、通信整流电源屏、通信蓄电池、通信交（直）流分配屏、通信交流切换屏、通信 DC-DC 变换屏。

因电源设备组合较多，找不到对应名称的统称通信电源设备屏。

2）字体：汉字为宋体，字母及数字为 Times New Roman，字体颜色为黑色。

3）尺寸：80mm（宽度）×柜宽。

4）类型：放置型标签，标签底色使用白色。

5）通信机柜标识范例如图 11-2 所示。

图 11-2　通信机柜标识范例

11.3.2 通信设备标识

11.3.2.1 主设备标识

1．适用范围

通信主设备是指光传输设备（OTN 设备、SDH 设备、光放大器等）、无线传输设备（无线专网 BBU\RRU 设备）、电力线载波设备、接入设备（PCM、综合接入设备）、数据网设备、语音交换设备（交换机、调度台、录音系统）、电视电话会议设备（MCU、终端、音视频矩阵、调音台等）、通信网管及监控设备、同步时钟设备（GPS、BITS）等。

2．范例

通信设备标识范例如图 11-3 所示。

设备名称	×通信网××（品牌）××（型号）××（速率）	投运日期	××××.××
设备型号	×××（型号）	生产厂家	×××
责任单位		值班电话	

图 11-3　通信设备标识范例

图 11-4　通信设备接口标识范例

11.3.2.2 设备接口标识

1．适用范围

本端设备与对端设备的互联端口，端口类型仅限于 155M、622M、2.5G、10G、40G、100G 等光板。

2．范例

通信设备接口标识范例如图 11-4 所示。

11.3.3 配线架标识

11.3.3.1 光配标识

1．光配单元（ODU）

（1）适用范围：机房综合配线屏或光纤配线

屏光纤配线单元。

（2）光配单元标识范例如图 11-5 所示。

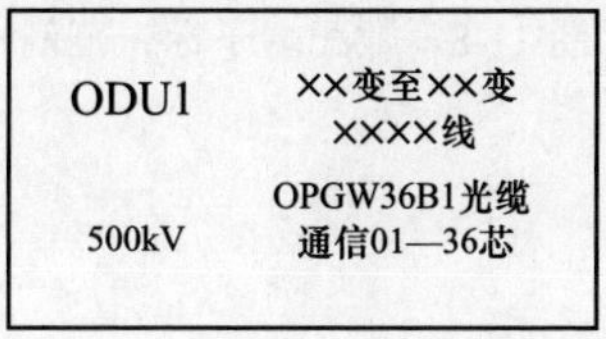

图 11-5　光配单元标识范例

2．光配盘（ODF）

（1）适用范围：光纤配线单元内的光配盘。

（2）光配盘标识范例如图 11-6 所示。

图 11-6　光配盘标识范例

11.3.3.2　数配标识

1．数配单元

（1）适用范围：机房综合配线屏或数字配线屏内的数配单元。

（2）数配单元标识范例如图 11-7 所示。

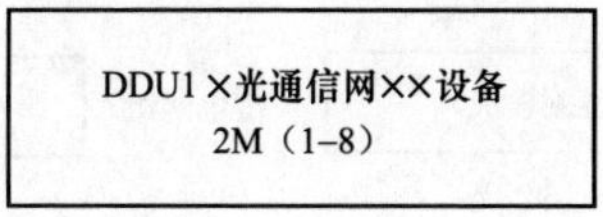

图 11-7　数配单元标识范例

2．数配端子

（1）适用范围：机房综合配线屏或数字配线屏内的数配端子。

（2）数配端子标识范例如图 11-8 所示。

××线第一套保护A通道	×级调度接入网
（通道编号：×××）	××变-××电厂2M01

图 11-8　数配端子标识范例

11.3.3.3　音配标识

1．适用范围

适用于机房综合配线屏或音频配线屏内的音配单元。

2．音配标识

音配标识范例如图 11-9 所示。

VDU1
（1–25）×××公司PCM1

图 11-9　音配标识范例

11.3.4　电源设备标识

11.3.4.1　模块标识

1．适用范围

模块是指在通信电源内可以独自安装，用于完成特定功能的物理单元。

2．电压模块标识

电压模块标识范例如图 11-10 所示。

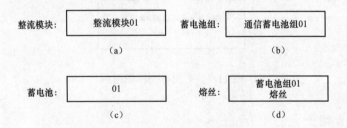

图 11-10　电压模块标识范例

（a）整流模块标识范例；（b）蓄电池组标识范例；（c）蓄电池标识范例；（d）熔丝标识范例

11.3.4.2 空气开关标识

1．适用范围

空气开关是通信电源屏或配电屏中的输入、输出接线单元。每一路输入（或输出）作为一个配电端子。

2．空气开关标识

空气开关标识范例如图 11-11 所示。

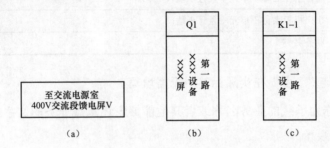

图 11-11 空气开关标识范例

（a）通信电源屏交流进线空气开关标识；（b）配电屏内空气开关标识；

（c）机顶直流分配单元空气开关标识

11.3.5 线缆标签

11.3.5.1 尾纤标签

1．适用范围

本节光纤尾纤是指站内用于连接传输设备和 ODU 架等带光纤耦合器的一段光纤。

2．位置

粘贴于尾纤跳线上，距离端口连接 3～5cm 处。

3．内容

命名规则如下。

（1）设备到设备。

起：设备名称＋槽位＋端口
止：设备名称＋槽位＋端口
业务名称

（2）设备到光配。

起：设备名称＋槽位＋端口
止：机柜名称＋单元＋盘号＋端口
业务名称

（3）光配到光配。

起：机柜名称＋单元＋盘号＋端口
止：机柜名称＋单元＋盘号＋端口
业务名称

释义："起""止"在实际标签中无需填写。

业务名称为承载的业务名称或者其他能够表述承载业务的文字描述。

4．尾纤标识

尾纤标识范例如图 11-12 所示。

图 11-12　尾纤标识范例

11.3.5.2　2M 跳线

1．适用范围

2M 线是指站内用于连接通信设备和 DDF 架等，传输 2Mbps 速率业务的同轴线缆。

2．位置

2M 线缆两端均应加贴标识，粘贴于距端口与线缆连接处 3～5cm 的位置上。

3．内容

命名规则：2M 跳线。

起：设备名称＋槽位＋端口
止：机柜名称＋单元＋端口编号
业务名称

释义："起""止"在实际标签中无需填写。

业务名称为承载的业务名称或者其他能够表述承载业务的文字描述。

4．范例

2M跳线标识范例如图11-13所示。

×级厂站网×××设备/2槽/1口 ×××××屏1/DDU1/1口	
××中继××–×× 2M01	

图11-13　2M跳线标识范例

11.3.5.3　网络线标签

1．适用范围

网络线指站内用于连接设备和网配，传输网络信号的较小线径的缆线。

2．内容

命名规则：网络线。

起：设备名称＋槽位＋端口
止：设备名称＋槽位＋端口
业务名称

释义："起""止"在实际标签中无需填写。

业务名称为承载的业务名称或者其他能够表述承载业务的文字描述。标签内容文字可在不引起歧义的情况进行适当简化。

3．范例

网络线标识范例如图11-14所示。

×××机柜/×××××交换机/1槽/1口 ××机柜/××××设备–01/23槽/4口	
×××××业务	

图11-14　网络线标识范例

11.3.6　线缆标牌

11.3.6.1　尾缆及联络光缆标牌

1．适用范围

本节光缆是指站内多根纤芯组成的尾缆或联络光缆，用以实现设备、光配之间光信号传输。

2．内容

命名规则如下。

（1）联络光缆。

```
名称：通信至保护/通信联络光缆＋编号（仅在名称完全相同情况下标注）
起点：机房名称＋机柜名称
终点：机房名称＋机柜名称
类型：光缆芯数＋光缆类型
```

（2）尾缆。

```
名称：尾缆名称＋编号（仅在名称完全相同情况下标注）
起点：机房名称＋机柜名称
终点：机房名称＋机柜名称
类型：光缆芯数＋光缆类型
```

3．范例

尾缆及联络光缆标识范例如图 11-15 所示。

```
名称：通信至保护联络光缆01              通信尾缆
起点：×××机房/×××屏         起点：×××机房/×××屏
终点：×××机房/×××屏         终点：×××机房/×××设备
类型：24芯非金属光缆          类型：24芯非金属光缆
```

图 11-15　尾缆及联络光缆标识范例

11.3.6.2　同轴电缆标牌

1．适用范围

本节同轴电缆指站内用于设备连接，由多条同轴线组成线径较粗的缆线，该线缆多用于传输 2M 信号。

2．内容

命名规则：名称＋起点＋终点＋芯数。

> 名称：同轴电缆。
> 起点：［机房名称］＋机柜名称＋［单元］。
> 终点：［机房名称］＋机柜名称＋［单元］。
> 芯数：同轴电缆芯数。

注：同一个机房无需写机房名称。

3．范例

同轴电缆标识范例如图 11-16 所示。

> 名称：同轴电缆
> 起点：通信数字配线屏01/DDU1-2
> 终点：××PCM机柜
> 芯数：32芯

图 11-16　同轴电缆标识范例

11.3.6.3　音频电缆标牌

1．适用范围

指站内使用的音频线缆。

2．内容

命名规则：名称＋起点＋终点＋根数。

> 名称：音频电缆。
> 起点：本端站点名称＋机房名称＋机柜名称。
> 终点：对端站点名称＋机房名称＋机柜名称。
> 型号：音频电缆实际型号。

3．范例

音频电缆标识范例如图 11-17 所示。

名称：音频电缆
起：××中心站/通信机房01/PCM设备柜01
止：××通信机房/通信机房01/音频配线架1
型号：HYA/200×0.5

图 11-17　音频电缆标识范例

11.3.6.4　电源电缆标牌

1．适用范围

指站内交直流电源缆线。

2．内容

命名规则：名称＋起点＋终点＋规格。

名称：直流电缆或交流电缆。
起点（供电设备）：设备名称＋空气开关标识。
终点：设备名称＋空气开关标识。
规格：电源电缆规格型号。

注：跨越机房时需增加电源电缆起止位置的机房名称。

3．范例

电源电缆标识范例如图 11-18 所示。

名称：**直流电缆** 起点：通信电源01/Q18 终点：××××网××设备/第一路 规格：ZRVVR-16*2	名称：**交流电缆** 起点：400V室/交流01屏/K12 终点：通信机房01/通信电源01/K1 规格：ZRVVR22-16*3+10*2

图 11-18　电源电缆标识范例

11.3.7　进站光缆标识

11.3.7.1　余缆箱标牌

1．适用范围

适用变电站龙门架余缆箱上标注光缆相应信息。

2．范例

尾缆及联络光缆标识范例如图 11-19 所示。

×××变~×××变
36芯OPGW光缆

电压等级：××× kV
线路名称：××××线

图 11-19　尾缆及联络光缆标识范例

11.3.7.2　余缆架标牌

1．适用范围

适用变电站龙门架余缆架上标注光缆相应信息。

2．范例

余缆架标识范例如图 11-20 所示。

○ 　×× 变~×× 变　 ○
36芯OPGW光缆

电压等级：×××kV
○ 　 线路名称：×××线　 ○

图 11-20　余缆架标识范例

11.3.7.3　光缆引下标牌

1．适用范围

适用于站内引入光缆在构架侧的引下光缆。

2．范例

光缆引下标牌范例如图 11-21 所示。

11.3.7.4　导引光缆标牌

1．适用范围

适用于站内引入光缆从构架引入沟道至机房光配之间的沿线标识。

图 11-21 光缆引下标牌范例

2. 范例

引导光缆标牌范例如图 11-22 所示。

图 11-22 引导光缆标牌范例

11.3.8 基础配套设施

11.3.8.1 天线、馈线、GPS

1. 适用范围

适用于无线专网基站内使用的天线、馈线、GPS。

2. 范例

天线、馈线、GPS 标识范例如图 11-23 所示。

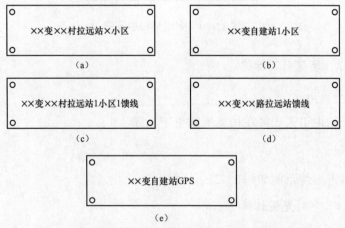

图 11-23 天线、馈线、GPS 标识范例

（a）拉远站天线标识；（b）自建站天线标识；（c）BBU 馈线标识；（d）RRU 馈线标识（e）GPS 标识

11.3.8.2 铁塔

1．适用范围

适用于电力无线专网自建铁塔。

2．范例

电力无线专网自建铁塔标识范例如图 11-24 所示。

××变自建站无线专网铁塔

图 11-24 电力无线专网自建铁塔标识范例

11.3.9 通信线路标识规范

11.3.9.1 光缆标识

1．适用范围

适用于电力通信网中室外使用的光缆，主要用于普通光缆线路、管道光缆以及 ADSS 光缆线路。

2．范例

光缆标识范例如图 11-25 所示。

××变~××关48芯ADSS

线路名称：×××线
光缆型号：ADSS–AT48B1–300
联系电话：×××××××

图 11-25 光缆标识范例

11.3.9.2 音频电缆标识

1．适用范围

适用于室外通信音频电缆。

2．范例

室外通信音频标识标牌范例如图 11-26 所示。

××变～××站50对音频电缆
线路名称：××kV××线
光缆型号：HYV–50×5×0.5
联系电话：×××××××

图 11-26　室外通信音频标识标牌范例

11.3.9.3　接头盒

1．适用范围

适用于室外线路杆塔上使用的接头盒，适用于普通光缆、ADSS 光缆。

2．范例

接头盒标识范例如图 11-27 所示。

××变～××变36芯OPGW光缆
线路名称：××××线
投运时间：××××.××
联系电话：×××××××××

图 11-27　接头盒标识范例

11.3.10　线路走廊资源标识

11.3.10.1　通用专用人井（手孔）

1．适用范围

敷设光缆所用的独立通信管道人井（手孔）。

利用电力管道的管道人井（手孔），不设通信标识。

2．范例

专用人井标识范例如图 11-28 所示。

```
××路通信人孔01
联系电话：×××××××
```

图 11-28　专用人井标识范例

11.3.10.2　交接箱

1．适用范围

本节交接箱是指室外用于对缆线进行接续以实现线路延续或分歧的设备。

2．范例

交接箱标识范例如图 11-29 所示。

```
××路交接箱01
联系电话：×××××××
```

图 11-29　交接箱标识范例

11.3.10.3　通信管线指示

1．适用范围

本节特指通信专用管道或直埋线路的路径指示和警示。

2．范例

通信管线标识范例如图 11-30 所示，通信管线警示标识范例如图 11-31 所示。

```
××公司至××变管道光缆
联系电话：×××××××
```

图 11-30　通信管线标识范例

电
力
光
缆

禁
止
开
挖

联
系
方
式

×××××
×××××

图 11-31　通信管线警示标识范例

附录A 信息工作票格式

信息工作票

单位_____ 编号_____

1. 班组名称_____ 工作负责人_____

2. 工作班成员（不包括工作负责人）_____

_____共_____人。

3. 工作场所名称_____

4. 工作任务

工作地点及设备名称	工作内容

5. 计划工作时间：自_____年___月___日___时___分至_____年___月___日___时___分

6. 安全措施［应备份的配置文件、业务数据、运行参数和日志文件，应验证的内容等］（必要时可附页绘图说明）

_____

_____

_____

工作票签发人签名：_____ _____年___月___日___时___分

工作负责人签名：_____ _____年___月___日___时___分

7. 工作许可

许可开始工作时间：_____年___月___日___时___分

工作负责人签名：_____ 工作许可人签名：_____

8．现场交底，工作班成员确认工作负责人布置的工作任务、人员分工、安全措施和注意事项并签名：

_____

_____

9．工作票延期

工作延期至					工作负责人	工作许可人
年	月	日	时	分		
年	月	日	时	分		

10．工作终结

全部工作已结束，工作班人员已全部撤离工作地点，工作过程中产生的临时数据、临时账号等内容已删除，信息系统运行正常，现场已清扫、整理。

工作终结时间：_____年___月___日___时___分

工作负责人签名：_____ 工作许可人签名：_____

11．备注

_____

_____

附录 B 信息工作任务单格式

信息工作任务单

单位＿＿＿＿＿＿＿＿＿＿＿＿＿＿　编号＿＿＿＿＿＿＿＿＿＿＿＿＿＿＿

1. 班组名称＿＿＿＿＿＿＿＿＿＿＿　工作负责人＿＿＿＿＿＿＿＿＿＿＿＿

2. 工作班成员（不包括工作负责人）＿＿＿＿＿＿＿＿＿＿＿＿＿＿＿＿＿

＿＿＿＿＿＿＿＿＿＿＿＿＿＿＿＿＿＿＿＿＿＿＿＿共＿＿＿人。

3. 工作场所名称＿＿＿＿＿＿＿＿＿＿＿＿＿＿＿＿＿＿＿＿＿＿＿＿＿＿

4. 工作任务

工作地点及设备名称	工作内容

5. 计划工作时间：自＿＿＿＿＿年＿＿月＿＿日＿＿时＿＿分至＿＿＿＿年＿＿月＿＿日＿＿时＿＿分

6. 安全措施［应备份的配置文件、业务数据、运行参数和日志文件，应验证的内容等］（必要时可附页绘图说明）

＿＿＿＿＿＿＿＿＿＿＿＿＿＿＿＿＿＿＿＿＿＿＿＿＿＿＿＿＿＿＿＿＿＿

＿＿＿＿＿＿＿＿＿＿＿＿＿＿＿＿＿＿＿＿＿＿＿＿＿＿＿＿＿＿＿＿＿＿

＿＿＿＿＿＿＿＿＿＿＿＿＿＿＿＿＿＿＿＿＿＿＿＿＿＿＿＿＿＿＿＿＿＿

工作票签发人签名：＿＿＿＿＿＿　＿＿＿＿＿年＿＿月＿＿日＿＿时＿＿分

工作负责人签名：＿＿＿＿＿＿＿　＿＿＿＿＿年＿＿月＿＿日＿＿时＿＿分

7. 现场交底，工作班成员确认工作负责人布置的工作任务、人员分工、安全措施和注意事项并签名：＿＿＿＿＿＿＿＿＿

8. 工作开始时间：＿＿＿＿＿年＿＿月＿＿日＿＿时＿＿分

工作负责人签名：＿＿＿＿＿＿＿＿

9. 工作任务单延期

工作延期至					工作负责人	工作票签发人
年	月	日	时	分		
年	月	日	时	分		

10. 全部工作已结束，工作班人员已全部撤离工作地点，工作过程中产生的临时数据、临时账号等内容已删除，信息系统运行正常，现场已清扫、整理。工作负责人向工作票签发人电话报告工作已结束。

工作终结时间：＿＿＿＿年＿＿月＿＿日＿＿时＿＿分

工作负责人签名：＿＿＿＿＿＿＿＿＿＿

11. 备注

＿＿

＿＿

附录 C 电力通信工作票格式

电力通信工作票

单位_____ 编号_____

1. 班组名称_____ 工作负责人_____

2. 工作班成员（不包括工作负责人）_____

_____ 共_____人。

3. 工作场所名称_____

4. 工作任务

工作地点及设备名称	工作内容

5. 计划工作时间：自_____年____月____日____时____分至_____年____月____日____时____分

6. 安全措施［应备份的配置文件、业务数据、运行参数和日志文件，应验证的内容等］（必要时可附页绘图说明）

_____

_____

_____

工作票签发人签名：_____ _____年____月____日____时____分

工作负责人签名：_____ _____年____月____日____时____分

7. 工作许可

许可开始工作时间：_____年____月____日____时____分

工作负责人签名：_____ 工作许可人签名：_____

173

8. 现场交底，工作班成员确认工作负责人布置的工作

任务、人员分工、安全措施和注意事项并签名：

_____

_____

9. 工作票延期

工作延期至					工作负责人	工作许可人
年	月	日	时	分		
年	月	日	时	分		

10. 工作终结

全部工作已结束，工作班人员已全部撤离工作地点，工作过程中产生的临时数据、临时账号等内容已删除，信息系统运行正常，现场已清扫、整理。

工作终结时间：_____年___月___日___时___分

工作负责人签名：_____ 工作许可人签名：_____

11. 备注

_____

_____